JN255556

東京大学工学教程

システム工学

知識システムI 知識の表現と学習

東京大学工学教程編纂委員会 編

青山和浩
山西健司 著

Knowledge Systems I

SCHOOL OF ENGINEERING
THE UNIVERSITY OF TOKYO

丸善出版

東京大学工学教程

編纂にあたって

東京大学工学部，および東京大学大学院工学系研究科において教育する工学はいかにあるべきか．1886 年に開学した本学工学部・工学系研究科が 125 年を経て，改めて自問し自答すべき問いである．西洋文明の導入に端を発し，諸外国の先端技術追奪の一世紀を経て，世界の工学研究教育機関の頂点の一つに立った今，伝統を踏まえて，あらためて確固たる基礎を築くことこそ，創造を支える教育の使命であろう．国内のみならず世界から集う最優秀な学生に対して教授すべき工学，すなわち，学生が本学で学ぶべき工学を開示することは，本学工学部・工学系研究科の責務であるとともに，社会と時代の要請でもある．追奪から頂点への歴史的な転機を迎え，本学工学部・工学系研究科が執る教育を聖域として閉ざすことなく，工学の知の殿堂として世界に問う教程がこの「東京大学工学教程」である．したがって照準は本学工学部・工学系研究科の学生に定めている．本工学教程は，本学の学生が学ぶべき知を示すとともに，本学の教員が学生に教授すべき知を示す教程である．

2012 年 2 月

2010–2011 年度
東京大学工学部長・大学院工学系研究科長　北　森　武　彦

東京大学工学教程

刊 行 の 趣 旨

現代の工学は，基礎基盤工学の学問領域と，特定のシステムや対象を取り扱う総合工学という学問領域から構成される．学際領域や複合領域は，学問の領域が伝統的な一つの基礎基盤ディシプリンに収まらずに複数の学問領域が融合したり，複合してできる新たな学問領域であり，一度確立した学際領域や複合領域は自立して総合工学として発展していく場合もある．さらに，学際化や複合化はいまや基礎基盤工学の中でも先端研究においてますます進んでいる．

このような状況は，工学におけるさまざまな課題も生み出している．総合工学における研究対象は次第に大きくなり，経済，医学や社会とも連携して巨大複雑系社会システムまで発展し，その結果，内包する学問領域が大きくなり研究分野として自己完結する傾向から，基礎基盤工学との連携が疎かになる傾向がある．基礎基盤工学においては，限られた時間の中で，伝統的なディシプリンに立脚した確固たる工学教育と，急速に学際化と複合化を続ける先端工学研究をいかにしてつないでいくかという課題は，世界のトップ工学校に共通した教育課題といえる．また，研究最前線における現代的な研究方法論を学ばせる教育も，確固とした工学知の前提がなければ成立しない．工学の高等教育における二面性ともいえ，いずれを欠いても工学の高等教育は成立しない．

一方，大学の国際化は当たり前のように進んでいる．東京大学においても工学の分野では大学院学生の四分の一は留学生であり，今後は学部学生の留学生比率もますます高まるであろうし，若年層人口が減少する中，わが国が確保すべき高度科学技術人材を海外に求めることもいよいよ本格化するであろう．工学の教育現場における国際化が急速に進むことは明らかである．そのような中，本学が教授すべき工学知を確固たる教程として示すことは国内に限らず，広く世界にも向けられるべきである．2020 年までに本学における工学の大学院教育の 7 割，学部教育の 3 割ないし 5 割を英語化する教育計画はその具体策の一つであり，工学の教育研究における国際標準語としての英語による出版はきわめて重要である．

現代の工学を取り巻く状況を踏まえ，東京大学工学部・工学系研究科は，工学の基礎基盤を整え，科学技術先進国のトップの工学部・工学系研究科として学生が学び，かつ教員が教授するための指標を確固たるものとすることを目的として，時代に左右されない工学基礎知識を体系的に本工学教程としてとりまとめた．本工学教程は，東京大学工学部・工学系研究科のディシプリンの提示と教授指針の明示化であり，基礎（2 年生後半から 3 年生を対象），専門基礎（4 年生から大学院修士課程を対象），専門（大学院修士課程を対象）から構成される．したがって，工学教程は，博士課程教育の基盤形成に必要な工学知の徹底教育の指針でもある．工学教程の効用として次のことを期待している．

- 工学教程の全巻構成を示すことによって，各自の分野で身につけておくべき学問が何であり，次にどのような内容を学ぶことになるのか，基礎科目と自身の分野との間で学んでおくべき内容は何かなど，学ぶべき全体像を見通せるようになる．
- 東京大学工学部・工学系研究科のスタンダードとして何を教えるか，学生は何を知っておくべきかを示し，教育の根幹を作り上げる．
- 専門が進んでいくと改めて，新しい基礎科目の勉強が必要になることがある．そのときに立ち戻ることができる教科書になる．
- 基礎科目においても，工学部的な視点による解説を盛り込むことにより，常に工学への展開を意識した基礎科目の学習が可能となる．

東京大学工学教程編纂委員会　委員長　大久保　達　也
幹　事　吉　村　　忍

目　　次

II 巻 目 次

は　じ　め　に

工学の一つの側面は，何かをつくることによって人の生活，社会の営みを豊かにする方法を生み出していくための科学的方法を構成していく学問である．例えば，エジソンが白熱電球を改良した時代には，他にも白熱電球を改良することに心血を注ぐ技術者はいた．しかし，その中でのエジソンの独自性の一つとして着目されるのは，電球だけではなくさまざまな電気製品と，そしてこれらの基盤となる電力の供給システムを構築したことであった．すなわち，さまざまな製品とともに，これらの繋がりを構成し，その繋がりによって発揮される機能，その機能が社会と人々の要求——潜在的な要求も含めて——を満たす効果を予測した点は，エジソンの卓越した独自性の一つであった．

このように，① 新たな要素技術の創造，② 要素技術間の結合による要求の実現，という二つの営みを包含する一般的な視点をもち，そのための基盤的役割を果たす学理について説明するのが知識システムという本書のテーマである．東京大学工学部の授業としては「知識と知能」「知識マネジメント」「機械学習の数理」等の講義の基盤学理に相当するが，これらはどのような工学分野とも，社会設計あるいは組織経営の手法とも結合することができ，それによって多様な人々からの要求を満たす有益なコンテンツを含んでいる．したがって，広く各学部の学生に参照してほしい．

本書では人間社会，人工物ネットワーク，生活環境と自然などのさまざまなシステムの分析からデザイン，構築から運用までにかかる過程を支えている知識の役割を再確認しつつ形式的な知識の表現方法やその知識の学習，想像，利用のための技術と理論について述べる．

I 巻に始まる知識の表現 (1 章) ということと，データの分析による知識の学習 (2 章) ということは，初学者が一見すると相当にかけ離れた学術領域であると感じるかもしれない．しかしながら，その考えは浅きに失する．知識を表現するということは，背景にある世界のモデルを構築し，そのモデルの構築者にとっても理解しようとする者にとっても共有できる表現形式を採ることを意味する．そして，世界のモデルとは多様なシステムの挙動とこれらに関わる事象の背景にあるダイナミクスの合理的な解釈に他ならない．したがって，データを分析することにとって世界のモデルを獲得する，あるいはモデルのパラメータを具体化していくというようなデータ分析の各部分は，知識の表現と切っても切れない関係にある．この点を理解できればI巻の概形をつかむことができたといえよう．

さらにII巻においては，人間が柔軟に知識結合の可能性を広げていくための創造的思考と議論，および意思決定のプロセスについて示す．ここでは，論理的な知識表現を用いて類推や仮説推論という方法と，これらの方法によって人々がデータに基づく意思決定を行う社会システムとしてのデータ市場についてまず説明する (3章)．論理的な知識表現は，I巻の1章において因果関係の表現にも継承関係の表現にも利用できる手法として登場しており，3章で示す創造的思考プロセスも両方に適用できると考えてよい．その中で，理論的にも計算論としても核心的役割を果たす非単調推論が，人の創造性にとっても深いかかわりがあることを理解してほしい．そして，知識を用いる主体である人間が知識を用いて意思決定を行うための基礎理論として確率モデルおよびゲーム理論について示す (4章)．本書で示していく構造的な知識表現や，論理的知識あるいは信念を更新するような議論を実施したとしても，あるいはデータに基づいて信頼できる知識を得たとしても，人は最終的に，実現目標としての「選好」を求めて知識を動員し意思決定を行う．すなわち，何かを好み選ぶという所作は知識システムの一般的な目的である．そこで本書は，この4章を全体の末に据えた．読者が，知識システムの基盤的学理を固めながらこの壁に立ち向かっていくためには，本書2巻は，この順序で構成される必要があった．

2巻からなる全体を示すと，次図のように，さまざまな知識と，その不完全性のもとで意思決定を行う人間の特性の理論，そして不完全性を改善し続けるために環境との相互作用を続ける，表現，学習，創造，意思決定という人の知的活動プロセス全体に踏み込んでいく構成になっている．読者においては，本書の対象が，人が多様な問題の発見と解決を行う糸口を獲得するための，工学的な知識マネジメントの基盤であることを理解して学習されたい．

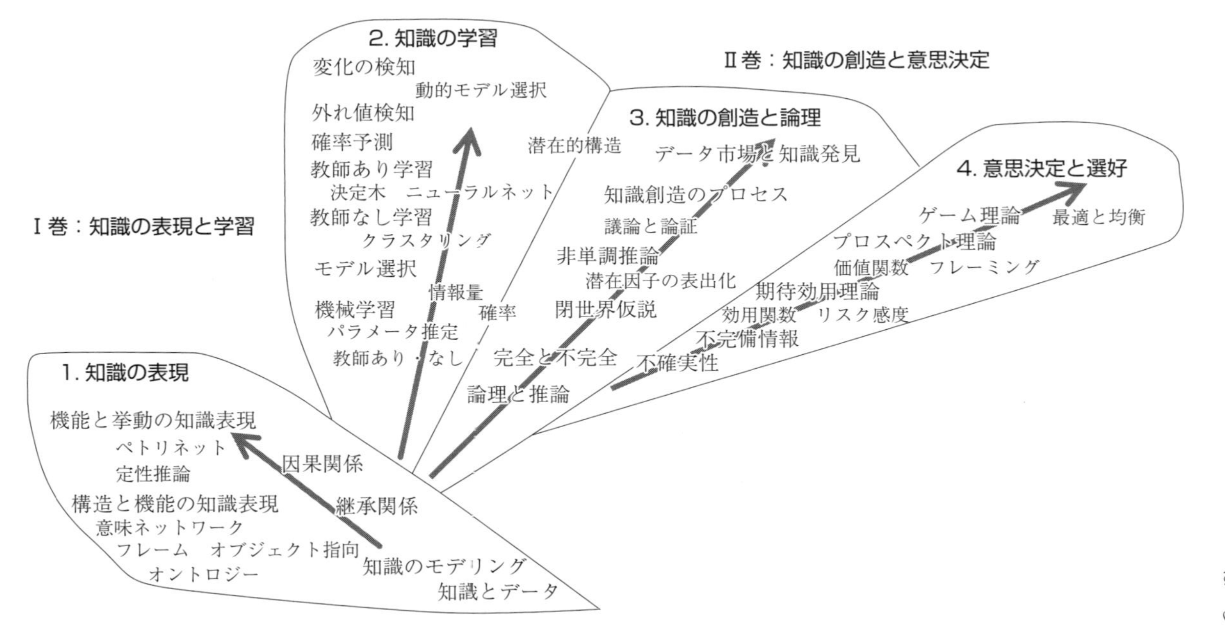

図　本書の構成：左から，I 巻 (1，2 章)，II 巻 (3，4 章)．矢印はキーワードで表される内容のおよその出現順序を，キーワード間の距離は内容の関連性を表す．

1 知 識 の 記 述

知的活動は人間の最大の特徴である．この知的活動はさまざまであり，活動の内容，種類に応じた知識が必要とされる．また，知的活動における問題解決を単純化できるような知識処理が選択され，その処理に適した知識表現が重視される．知識表現に関していえば，この十数年の爆発的に進歩している情報技術を活用して高度な知的活動を支援するには，知識を処理可能な形式で記述することが不可欠である．情報技術による知識の理解と推論を容易にする知識表現の実現は，知識処理における重要な課題である．

本章では，知的活動を高度化するうえで不可欠な知識表現について理解することを目的とする．一般的な情報モデルを知識の典型的な形式的記述の例として紹介し，記述する対象の種類に応じた記述モデルの存在と特徴を理解する．さまざまな知識表現を理解することによって，対応する知識処理と知的活動を理解する．さらには，記述された知識の構造分析によって得られる間接的な知識についても理解を深める．

1.1 情報モデルと知識モデリング

広辞苑によれば，知識は,「ある事柄などについて，知っている内容であり，認識した内容も含まれる．哲学では，確実な根拠に基づく客観的認識とされ，知識は**認識**とほぼ同義の語である．つまり，知識は主に認識によって得られた「成果，内容」を意味する (広辞苑)」と定義される．要するに，知識は何かに「関する」知識であって，その何かというのは，自己および環境の総体としての「対象世界」を構成する事物である．

知識は，自己の経験から得られる場合もあるが，他人の知識の蓄積から得られる場合もある．しかし，他人が保有している知識や対象世界の事物を直接的に複製して情報化することは不可能である．他人の知識を得るためには知識を伝達，共有することが重要な課題となり，知識表現が重要となる．知識の対象は多種多様であるため，これまでに知識のさまざまな表現方法が提案されてきた．

1.1.1　データ，情報，知識

知識の表現を考えるにあたり，知識に関連するデータ，情報について確認する．データとは，立論・計算の基礎となる既知のあるいは認容された事実・数値であり，計算機で処理する情報を意味し，情報とは，ある事柄についての知らせである．その情報に対して判断を下したり行動を起こしたりした結果として得られるのが知識である．本書の主題である知識は，ある事柄について知っていること，また，その内容，知られている内容，認識によって得られた成果である．厳密な意味では，知識は，原理的・統一的に組織づけられ，客観的妥当性を要求し得る判断の体系とされる．

データ，情報，知識は，図 1.1 で模式的に示されるような変換によって関連づけることができる．対象を観察，計測することによってデータが抽出され，そのデータを処理，分析することによって情報が得られる．得られた情報について意思決定の基準となる視点を設定したり，抽象化したりすることで知識として獲得することができる．このような**データ処理**，**情報処理**，**知識処理**の一連の流れによって対象から知識が獲得される．

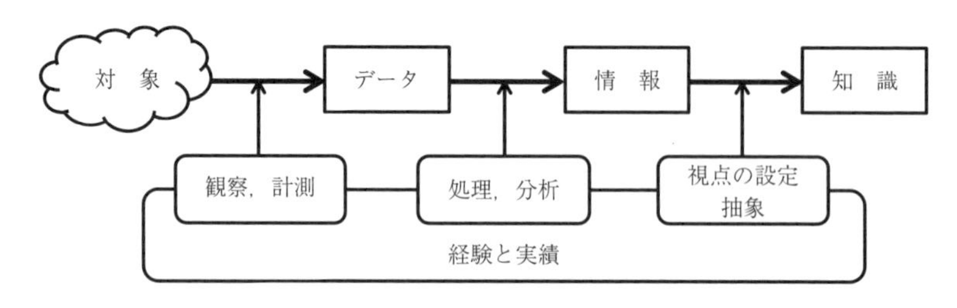

図 1.1　データ，情報，知識の変換

1.1.2　データモデリングと知識モデリング

現代社会において，情報システムは知的活動を進めるうえで不可欠な存在となっている．企業や組織あるいは個人において，情報システムは，知的活動に必要な情報を適切に収集，加工，保管，伝達する仕掛けであり，一連の作業の固まりである業務 (機能) を支援する．このシステムでの情報は，活動の材料であり結果である．データ処理や情報処理などによって，発生したあらゆるデータ，情報が，必要

とされる場所に伝達され，加工や変換の後，配布・利用されることが重要である．

しかしながら情報システムは，現実世界を直接的に扱うことは不可能である．現実世界に対応するデータ，情報が何かしらの形式によって記述表現された情報として情報システムに与えられることによって，さまざまな処理ができるようになる．したがって，現実世界を計算機内においてどのような形式で記述するか，また，そのようにして記述された情報をいかに加工して，有用な新しい情報を作り出して行くかが問題となる (図 1.2)[1]．本項では，まずは情報システムの構築という観点で議論されてきたデータモデリングを理解したうえで，知識システムで必要とされる知識モデリングについて理解する．

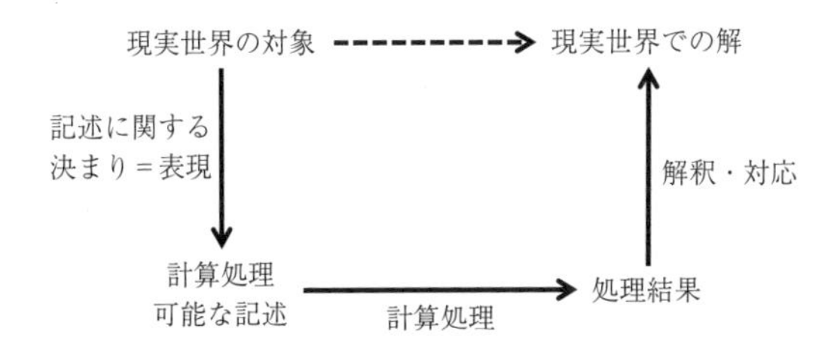

図 1.2 計算機が処理可能な記述と表現
小山照夫著，国立情報学研究所監修：知識モデリング (情報学シリーズ)，p.12，丸善 (2000) を改変．

a. データモデリング

情報システムにおけるデータ，情報はデータベースなどによって管理される．データベースは計算機内に構築された実世界の有限モデルである．身近なデータベースの例としては，スマートフォンで管理される連絡先のデータベースが考えられる．図 1.3 に示すように，概念的には，実世界と計算機内のモデルとの関係を一つの**写像**として捉えることができる．この写像は実世界の**データモデリング**とよばれ，2 段階の写像過程が存在する．この過程は，① 実世界を概念モデル化する過程，② 概念モデルを論理モデルに変換する過程である (図 1.4)．ここで登場する論理モデルは，データベースといわれているデータ空間であり，リレーショナルデータモデル，ネットワークデータモデル，あるいはハイアラキカルデータモデルなどの形式でデータを記述する*1．リレーショナルデータモデルというのは MySQL などのデータベースのモデルが有名である．ネットワークデータモデ

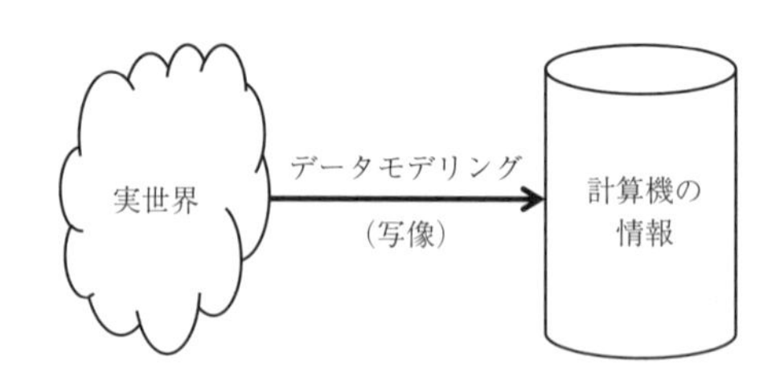

図 **1.3**　実世界のデータモデリングの基本概念

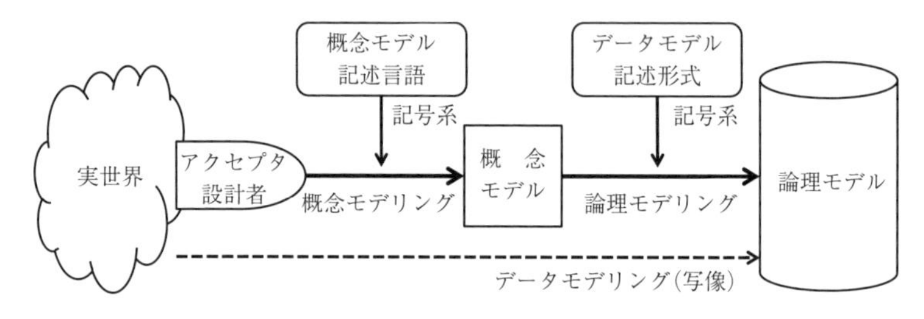

図 **1.4**　実世界のデータモデリング (2 段階の過程)

ルは，ハイパーテキストや HTML や XML などのデータの連携モデルである．このように，データモデリングにおいて，実世界を論理モデルへ直接写像するのではなく，概念モデルを介して写像することは重要な特徴である．

b.　概念モデリング

データモデリングにおいて**概念モデル**を記述することを概念モデリングと呼ぶ．概念モデルとは，実世界の事事物物のデータ構造 (データやデータとデータ間の関連の構文的・意味的構造) をデータベースの設計者 (図 1.4 中のアクセプタ) が概念的にどのように捉えたのかのモデルであると定義される．計算機上で**実装可能**であるかは関係なく，設計者が認識した概念を表現したモデルである．たとえば連絡先を考えると，連絡先の情報には，氏名，電話番号，メールアドレスなど

---

*1
- **リレーショナルデータモデル**：「表」で表現される構造をデータの構造として考え，表現したモデルであり，1970 年代に Codd (コッド) が提唱した．
- **ネットワークデータモデル**： 上位の一つの要素に対して複数の下位の要素が対応する．また，下位の一つの要素に対して複数の上位の要素が対応するなどの構造で表現されるデータモデル．
- **ハイアラキカルデータモデル**： 上位の一つの要素に対して，複数の下位の要素が対応する．一つの下位の要素に対しては，一つの上位の要素が対応するデータ構造で表現されるデータモデル．

の情報から構成される．それらの情報が自宅，職場などの情報とどのような関連にあるかを概念化したものが概念モデルである．概念モデルを記述するモデルとしては，下記のモデルが有名である．

- **実体関連モデル** (entity–relationship model：**ER モデル**)：実世界を実体と実体間の関連の集合体として捉え，実体と関連のデータをネットワークとして表現するモデル
- **意味データモデル**：実世界でデータやデータとデータ間に存在している**意味**を，できるだけ捕捉する目的で提案されている記号系のモデル

概念モデルは，設計者が認識した概念を優先してモデルを構築できるので，実世界の事物のデータ構造を素直に表現することが可能であるといった特徴を有する．

c.　知識モデリング

知的活動において必要不可欠な知識は知識情報として定義し，表現される必要がある．この知識を記述表現することを**知識モデリング**と呼び，問題の定式化のもとになる前提や条件，背景知識を含めてモデル化し，計算機が扱い得る数値や記号として表現される．

知識表現は，情報処理すべき情報を記述する枠組であり，情報を処理する手がかりを与えるものである．この枠組によって，対象とする世界の状況の記述が可能とされるが，知識システムの利用者が，記述された情報の内容を一般的な意味解釈に従って理解できるものであることが望ましい．知識情報から人間が読み取ることのできる意味内容に適合した処理を，機械の側でも行ってくれるという期待が

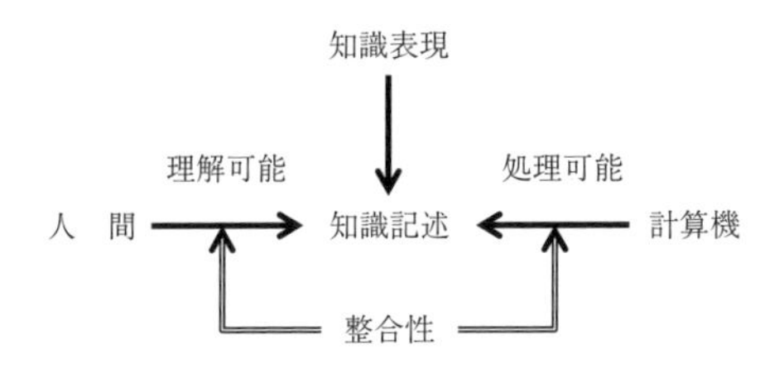

図 1.5　知識表現と知識記述の役割
小山照夫著，国立情報学研究所監修：知識モデリング (情報学シリーズ)，p.13，丸善 (2000) を改変．

ある．この意味で知識表現は人間と計算機とを結ぶものであるといえる (図 1.5)．したがって，知識表現としては，まず，記述された知識がもつ内容が，人間にとって理解しやすいものである必要がある．知識システムにとって知識表現は重要な課題である[1]．

1.1.3 知識記述の課題

計算機による一般的なデータ処理においては数値データやテキストデータ，画像等のデータが扱われる．一方において，人が他人と情報を交換する行為は自然言語を基盤としており，自然言語なしでは人間同士の情報交換は困難である．計算機に与える課題や問題解決に関連する情報は，基本的には人間が使用する自然言語で記述できるものを中心としていることが多く，自然言語で記述される情報が形式的データとして扱われる．

現実の対象世界は，全体として整合性を保っている連続的な世界であり，存在する実体も連続的である．しかし，自然言語などの形式による世界の記述は，連続的な実体を一つの視点から捉え，特定の部分を切り出した断片的な情報となってしまう．さまざまな知識を有する人は，断片的な情報の交換であっても理解が可能となる．しかし計算機は，インターネットの普及に伴って利用可能なデータや情報は増大，充実しつつあるが，断片的に記述された情報がすべてであることには変わりなく，この断片的な情報のみに基づいて問題を解決することは容易ではないことを理解する必要がある．

小山は，自然言語による情報記述に存在する問題を指摘している．人間は空間的位置関係や時間的前後関係を言語表現の中でごく自然に記述しているが，単純な出来事の間の同時性や順序性に関する記述そのものもまた，視点の相違という現状からいくつかの解釈を許容できるものである必要がある．また，空間的な相対位置，接続性や包含性，さらにはこれらの関係の時間的変化についても取り扱う必要がある場合もある[1]．

以上のように，自然言語による知識記述に関しては，さまざまな課題が残されており，実際の問題を処理するにあたり，記述モデルを慎重に選択する必要がある．人間が特定の問題を考える場合，そこにさまざまな物事を想定し，問題を捉える視点に依存したレベルで把握する．これらのことを考え，知識の記述を検討する必要がある．

1.1.4　知識の記述対象の分類

自然言語に基づく表現を考える場合，人は多くの場合において記述の対象を分類している．その代表的な区分として，対象と属性を挙げることができる．

a.　対　象

一定の視点から一つのまとまりとみなすことができるものについては，ひとまとまりの対象として扱う．この対象は,「モノ」と「コト」に分類されてきた.「モノ」は，時間的な変化が特になく，形があって手に触れられることのできる物体をはじめとして，広く出来事一般まで，人間が感知・認識し得るものである.「コト」は，時間的に変化することが中心で，経過や生起した出来事などのことである．人間や動物，機械などは「モノ」に分類され，旅行や仕事などは「コト」である．

b.　属　性

属性は，対象に関連するさまざまな特性を記述するものであり，性質と，他の対象との関係に分類できる．ある「モノ」である対象の色や形等は性質と考えられる．一方，親に対する子どもや，兄に対する弟などは関係であると考えられる．このように性質と関係を区別することが容易であれば問題はないが，実際には，性質と関係を明確に区別することが難しい状況も存在する．たとえば,「青い」は性質として考えられるが「より青い」は他の対象との関係 (たとえば，大小関係) として認識するほうが適切である．また，関係に関して考えると，たとえば，契約関係はその文字どおり関係であると考えることができるが，売買における契約という「コト」によってつくられた関係であるとも考えることができる．契約の内容，日時などの情報が「コト」である契約を規定する情報として記述される．このように，契約に基づいた売買を行う場合，これは対象である「コト」と認識することが適切である[1]．このように，性質と関係の区別は容易でないため，十分な注意が要求される．

1.1.5　知識のネットワーク表現

言語で記述できる世界を対象 (「モノ」，「コト」) と属性 (性質，関係) で記述す

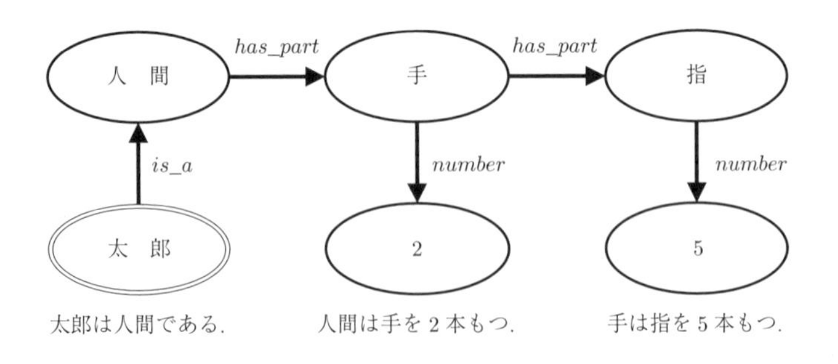

図 1.6　意味ネットワークによる知識情報の記述例

る際の表現形式として，ネットワーク表現が挙げられる．情報システムの世界での概念モデルとして紹介した実体関連モデルが有名であり，対象を実体と関係に関する情報をネットワーク形式で表現する．人工知能の世界では，意味ネットワークという表現形式が知識のネットワーク表現として古くから広く知られている (図 1.6)．実体関連モデルや意味ネットワークについての詳細は次節で説明するが，以下に概要を示す．

一般的に，ネットワークは，ラベル付けられたノードの間を，ラベル付けられたリンクで結ぶだけの単純な構造をしている．意味ネットワークでは，一つのネットワーク構造によって，ある視点から切り出された現実世界を記述する．この記述の際に，現実世界をネットワークへ写像する方法はさまざま考えられるが，多くの場合は，対象にあたるものをノードで表し，属性にあたるものをリンクで表す方法である．しかし，対象も属性もともにノードで表現する考え方も存在する．たとえば，意味ネットワークとは少し異なるが，後述する実体関連モデルは，対象，属性ともにノードで表現する．

意味ネットワークでは，対象と属性とは，少なくとも表現形式では基本的には対等の関係にあるものとして取り扱われる．これに対して，対象を中心に表現する方法と，属性を中心に表現する方法が存在する．前者はフレーム，また，オブジェクトに相当するものであり，後者は，述語論理，あるいは関係モデルに相当する．

人間が物事を直観的に捉える枠組によく適合する表現方法は，対象を中心に表現する方法であると考えられている．これは，人間が現実世界の物事を把握する場合，対象としての物事とその属性が無関係に存在すると捉えているとは考えにくい．多くの場合，識別できる対象を想定し，対象を中心にしてその属性を考える傾向があるからである．人間は一つの対象に関連する関係や性質などを，一塊のものとして認識する．このような認識の特徴を考慮して，フレームと呼ばれる表現形式が提案され，知識システムではさまざまな知識モデルが提案されている[1]．

1.2 構造と機能の知識表現

実世界は多種多様な要素が相互影響を及ぼし合い，複雑な構成になっている．それらの実世界を構成する要素に関連する知識の記述を理解するために，構成要素の構成的な意味や関係を理解し，構造的視点を中心とした知識の記述表現について学習する．本節では，まず，情報システムにおける概念モデルである実体関連モデルを参照し，概念における実体と属性，関連についての意味を理解する．この理解を下地として，意味ネットワークでの図的表記方法について理解し，フレームやオブジェクト指向などの知識モデルへの展開の理解を深める．本節の最後には，オントロジーを概説し，対象の構造と機能に関する知識モデルを理解する．

1.2.1 実体関連モデル

計算機を利用した知識システムを実現化するうえで，知識の記述には知識モデルが必要となることは述べた．この知識モデルを具体的に理解するために，知識モデルに関連が深いといわれるデータモデルである実体関連モデルを理解することから始める．

実体関連モデルは**ER モデル**と呼ばれ，1976 年に Chen (チェン) によって提案されたデータモデルであり，情報システムにおける基本となるモデルである．このモデルは，当時，計算機の普及に伴って広がり始めた関係データモデル*2のモデル化能力の貧弱さを補うために導入された．実体と関連から現実世界が構成されるという見方は，現実世界を認識するうえで重要な示唆を与えており，後述する意味モデルの一種であるとも理解できる．

ER モデルは，実体と関連によって対象を概念化し，三つの構成要素によって

---

*2 **リレーショナルモデル**と呼ばれ，Codd が 1970 年に提唱したデータベース用のデータモデルである．集合論を理論的基盤としており，数学における二項関係を n 項関係に拡張し，n 個の定義域の直積集合の部分集合として定義するモデルである．計算機システムでのリレーショナルデータベースに使用され，大量のデータを効率的に処理することができるといった特徴がある．

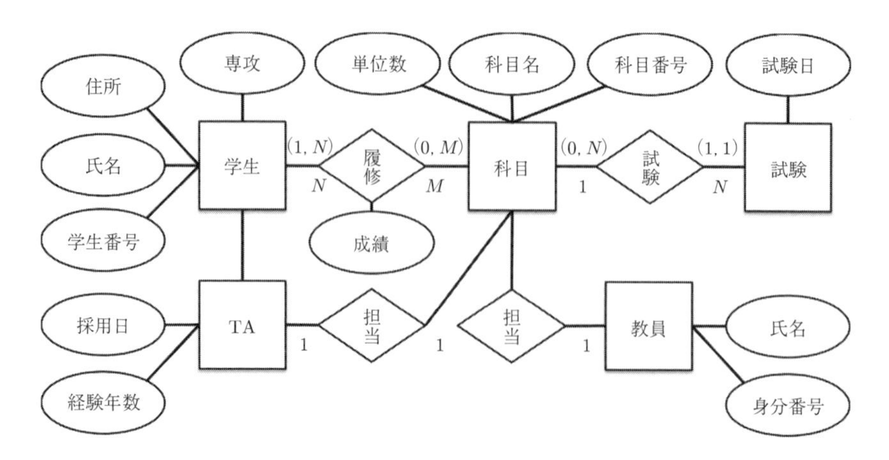

図 **1.7**　実体関連図 (ER 図)

対象を記述表現する．三つの構成要素は「**実体**」,「**属性**」,「**関連**」である[2]．実体は，記述の対象を表現する構成要素であり，属性は，各実体を説明する特性や付随的な要素を記述表現する構成要素である．関連は，実体と実体との相互関係を表現する情報の構成要素となる．図 1.7 は，学生と科目 (講義) の履修関連を実体関連モデルで記述表現した例を示す．この図は後述する **ER 図**と呼び，実体関連モデルを図的に表現した図である．次に，このモデルの構成要素を説明する．

a. 実 体

実体は，現実世界において独立した存在として認識され，他の実体と一意に識別されるものであると定義される．たとえば，学生や教員といった物理的な物体は実体であり，試験といったイベント，成績といった概念も実体として認識することもできる．このように，実体の認識は，教員，学生，講義，試験，単位，教室，机，宿題などといった名詞に対応すると考えると理解しやすい．

具体的に実体を認識するためには，認識の目的に従って現実世界のある面だけを取り出し，他の面を捨象することが要求される[3]．また，実体の認識と同時に，同じ種類の実体を集め，集合をつくることもできる．この実体の集合は**実体集合**と呼ばれる．科目という実体集合は，学校などに存在する科目の「実体」を集めたものとして定義できる．実体集合は，後述する概念でのクラスと同意であり,「実体」は，クラスの定義に基づいて生成されるインスタンスとなる．一つの実体集合には多数のインスタンスとしての「実体」が存在する．しかし，実体という用語を用いて実体集合を意味する場合もあり，注意が必要である．

b.　属　性

実体集合には，**属性**と呼ばれる性質を定義することができる．たとえば，図 1.8 に示すように，科目という実体集合には，科目名，科目番号，単位数といった属性を定義することができ，個々の実体には属性の具体的な値である属性値が記述される．履修登録を間違えないようにデータとして管理する観点では，科目番号など，実体が一意に識別できる最低限の属性をもつ必要がある．

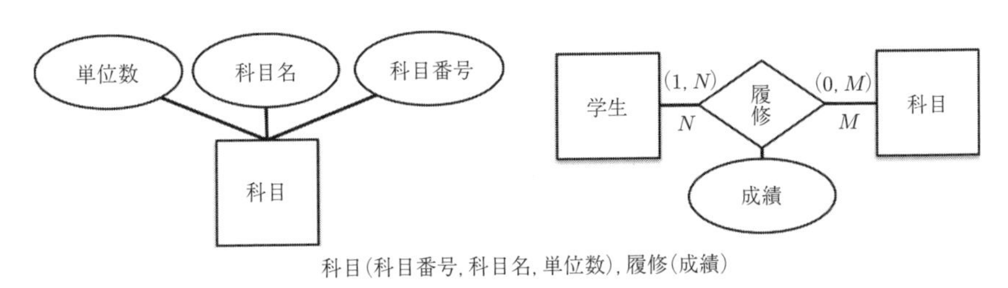

図 1.8　属性による実体と関連の記述表現

また，後述する関連集合も実体と同様に属性をもつことができ，たとえば,「出席した」という関連は「(出席した) 日付」という属性をもつことがある．講義はどの教室という関連集合では，教室や出席日などの属性を定義できる．このように，実体集合だけでなく関連集合にも属性を定義する．この属性の定義は重要な特徴である．

c.　関　連

二つの実体間の相互関係を捉えたものを**関連**と呼び，同じ種類の関連を集めたものを**関連集合**と呼ぶ．2 個だけとは限らず，複数からなる実体集合が関連集合を構成することができる．たとえば，学生と教員という実体集合の間に定義される関連集合として教育サービスを考えることができる．また，学生，科目，教員という三つの実体集合に対して，その相互関係を示す教育という関連集合を考えることができる．関連集合は二つ以上の名詞句 (実体集合) を結び付ける動詞に対応すると考えることができる．この関連集合は，実体間にある**連想**と定義される．

関連集合には，それを構成する実体集合の間の数量関係として 1 対多を示す 1 と N や，多対多を示す N と M，1 対 1 を示す 1 と 1 というように付記する．関連集合を構成する複数の実体集合の個数を関連の**次数**と呼ぶ．

d.　実体関連図

実体関連モデル (ER モデル) を図的に表記する方法として，実体関連図 (ER 図) が提案されている．ER 図は，正確には実体と関連を記述した図ではなく，実体集合と関連集合を記述表現した図であることに注意する必要がある．図 1.9 に示すように，一般的には，実体集合は長方形で，関連集合は菱形で表現することが多い．また通常，属性は実体集合や関連集合に接続される円 (あるいは楕円) で示される[2]．

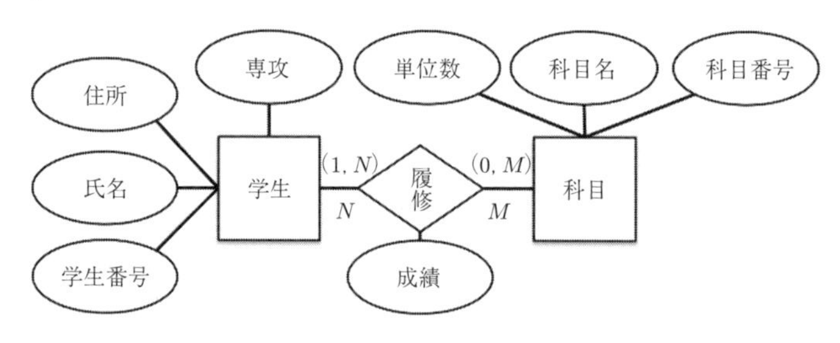

図 1.9　関連と属性による記述表現

ER モデルは，実体集合と関連集合のみのシンプルな概念によるモデル化の枠組みであるが，実問題を対象とする際の記述性には課題があり，種々の拡張が議論されている．実体集合や関連集合における抽象関係を表現する拡張が代表例であり，実体集合や関連集合の汎化の概念がある．汎化の概念とは，「【知識工学】は科目である」という関係の概念であり，科目と【知識工学】との間には特殊な関係を定義することが提案されている．この場合は汎化関係となる．

ER モデルが提唱する実体集合と関連集合のみのシンプルな概念で，現実世界を自然にモデル化できる枠組みが刺激となり，意味データモデルと総称される多くのデータモデルが提案された．これらは，モデル化能力の向上を狙ったものであり，フレームやオブジェクト指向，オントロジーへつながる存在となっている．

1.2.2 意味ネットワーク

知識システムを構築する場合，知識を記述表現するモデルとして，どのような知識モデルを選択するかは重要な問題である．知識モデルとして，推論が可能な形態にする必要があるし，可能な限り幅広い知識を扱えることが望ましい．多くの知識モデルが考えられてきたが，知識の構造的表現 (ネットワーク表現) モデルが代表的な知識モデルとして存在し，知識工学における重要なモデルの一つとされている．本項では，知識のネットワーク表現に端を発する意味ネットワークの発想，知識の表現について学習する．

a. 知識の構造的表現 (ネットワーク表現)

実体関連モデルが，実世界における実体と関連に着目して記述モデルを提唱したように，記述対象である実体を抽象化して概念化し，抽出された概念と概念間の関係を知識として記述表現する形式が検討された．個々の概念を節点，概念間の関係をリンクとするネットワークによって知識を表現することが考えられ，節点やリンクが何を意味するかを示すラベルが付けられた**意味ネットワーク**が提唱された．図 1.10 は，大学における履修科目のネットワークである．このネットワークは，たとえば科目には試験があり，試験の点数が教員によって集計されることによって成績が認定される，といった対象の知識を表現している[4]．このネットワークのリンクには，その意味の表示を省略している．

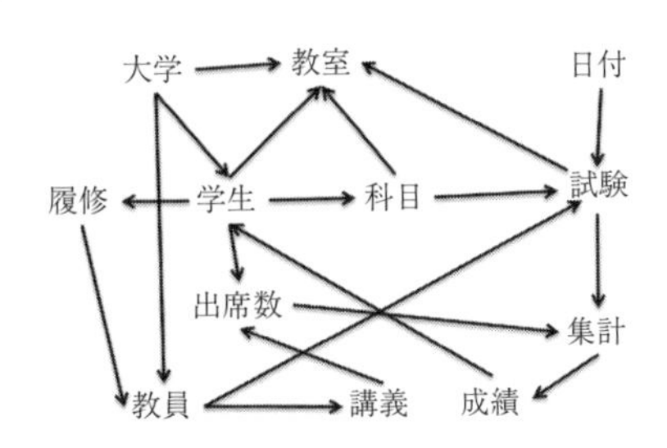

図 1.10 意味ネットワークの例

意味ネットワークを最初に用いた人物は Quillian であるとの説が一般的である．Quillian は，言語理解システムに使う辞書として，人間の感覚に適合するような意味ネットワークを提案した (図 1.11)．これは，一つの言葉が与えられるとそれ

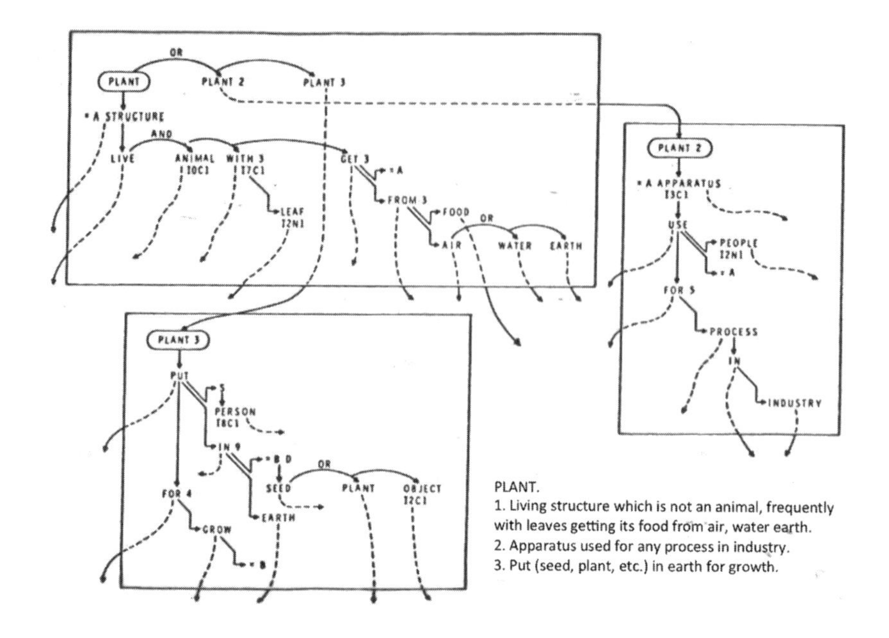

図 1.11　Quillian の意味ネットワーク
Quillian, M.R.: "Semantic Memory", Report No. AFCRL-66-189, Bolt Beranek and Inc. (1966).

に関係の深い他の言葉が得られることに着目して提案されたモデルであり，言葉がもつ概念とその概念間の関係がネットワークで表現され，言葉の意味が概念の関係として表現された．主に心理学の分野では，人間の記憶の連想的な働きを説明するモデルとして用いられ，長期記憶の構造を表現するモデルとして議論されたようである．

意味ネットワークによる知識表現においては，知識の標準的な表現形式が与えられてはいない．ノードで概念を，アークで概念間の関係を表現し，ネットワーク全体としてある特定の意味をもつ知識を表すという考え方だけが存在する．ネットワークを工夫した単なるデータ構造の表現に過ぎないとの見方もあり，あらゆるネットワークが意味ネットワークに含まれると考えることもできる．

b.　概念間の関係

概念を表現の中核として捉えれば，概念間の関係は，概念が所有している性質を表していると考えることができる．性質の具体的な表現を考えると，属性とその値によって表現することが一般である．そこで，意味ネットワークでは，概念と概念間の関係を，〈概念　属性　値〉という 3 種類の基本要素の組として表現する．以降では，この基本要素によって表現されるネットワークに存在する階層構造を議論し，その他の構造的性質の特徴を理解する．

(i) 階層構造　概念間の主要な関係としては，汎化関係と集約関係が存在する．それらの関係の特徴を整理し，情報の構造について理解する．

(1) 汎化関係：汎化関係は，IS–A (is a) または AKO (a kind of) 関係とも呼ばれる関係である．たとえば，図 1.12 に示すように「MTB (マウンテンバイク)」の抽象的な概念として「スポーツ自転車」が定義され，IS–A 関係が概念間の関係として記述表現される[5]．この際の〈概念　属性　値〉は，概念：MTB，属性：is a，値：スポーツ自転車であり，〈MTB　is a　スポーツ自転車〉のように表現される．同様に，次のように「A は B である」の知識は IS–A 関係を利用して表現できる．

「自転車は乗り物である」=〈自転車　is a　乗り物〉

「スポーツ自転車は自転車である」=〈スポーツ自転車　is a　自転車〉

「MTB はスポーツ自転車である」=〈MTB　is a　スポーツ自転車〉

IS–A 関係においては，上位概念のもつ性質は基本的には下位概念にも受け継がれると考えることができる．つまり「自転車」は「乗り物」の性質を共有し，「MTB」は「自転車」の性質も「乗り物」の性質も共有するということになる[7]．このよ

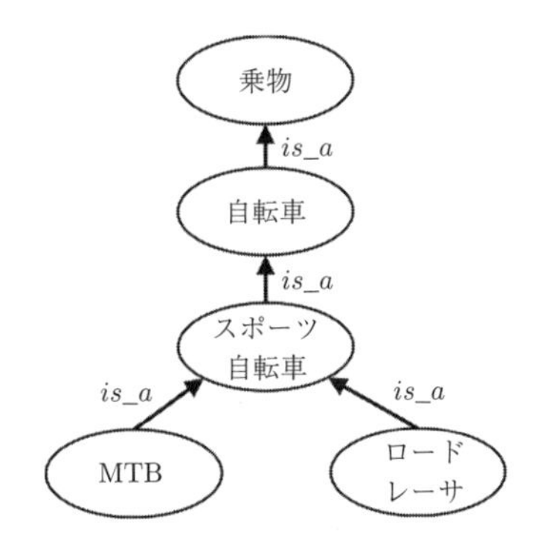

図 1.12　汎化関係：IS–A 関係

うな共有を性質の**継承**という．

しかしながら，同じ IS–A 関係を示すようにみえる関係でも，人によっては違う理解が存在する．たとえば，次のような IS–A 関係である．

「ブルー号は MTB である」＝〈ブルー号　is a　MTB〉

この関係で登場するブルー号は，愛用する MTB の愛称であるとする．MTB は MTB という種類の自転車の概念集合を意味しており，クラスといわれる概念である．実体関連モデルでの実体集合に該当し，ブルー号は実体となる．この場合の is a は，クラスとインスタンスの関係となり，member of, instance of, superset などの関係が適切であり，このような認識の揺らぎを回避する必要がある．

(2) 集約関係：上記の汎化関係とは異なる関係として，集約関係が存在する．集約関係は PART–OF (a part of) 関係または HAS 関係とも呼ばれる．図 1.13 に自転車の概念を構成するさまざまな部品の概念との HAS 関係で表現した例を示す．図中で,「自転車は，ハンドル，ブレーキシュー，ブレーキグリップ，フレーム，タイヤ，ペダル，チェイン，ギアで構成される」ことが HAS 関係を用いて表されている[6]．この際の〈概念　属性　値〉は，概念：自転車，属性：has，値：ペダルとなり,〈自転車　has　ペダル〉のように記述表現される．同様に，HAS 関係を利用して「A は B という部分をもっている」の知識は次のように表現できる．

「自転車にはハンドルがある」＝〈自転車　has　ハンドル〉

「車輪には前輪がある」＝〈車輪　has　前輪〉

この HAS 関係は，全体—部分の関係を表現し，IS–A 関係とは異なり，概念の性質の継承を表現するものではなく，性質の継承は一般的には行われない．

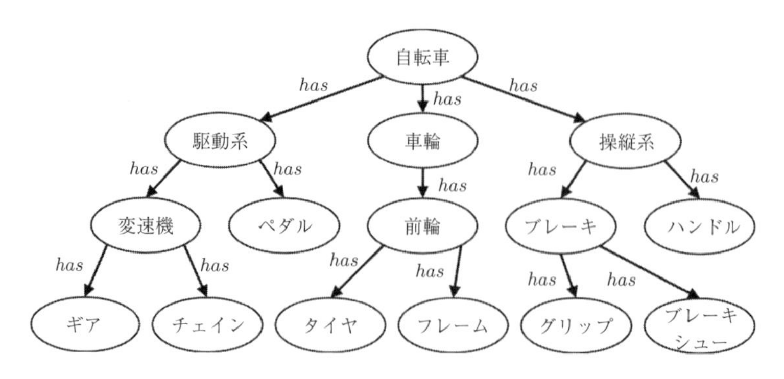

図 **1.13**　集約関係：HAS 関係

(ii) 構造的性質　概念はさまざまな性質を所有する．この性質は概念にとって必要不可欠である性質と，たまたまもっている性質に大別できる．前者の性質を構造的性質と呼び，その属性を定義属性という．また，後者の性質を表現する属性は性質属性と呼ばれる．

構造的性質を理解するには,「人は自転車を運転することができる」,「MTB は変速することができる」などの知識表現を考えてみる．意味ネットワークの表現では概念間の関係を表現するので,「できる」という関係を CAN 関係として定義したとすると，上記の知識は次のように表現することができる．

「人は自転車を運転することができる」=〈人　can　自転車を運転する〉

「MTB は変速することができる」=〈MTB　can　変速する〉

「自転車は人を乗せることができる」=〈自転車　can　人を乗せる〉

また,「太郎はブルー号に花子を乗せた」という知識の表現を考えてみる.「乗せる」という概念が当然もつべき性質を表現するために,「動作主」,「対象物」,「受取主」という属性によって性質を表現する．これらの属性は「乗せる」という概念に対して定義属性となる．

〈乗せる　動作主　太郎〉,〈乗せる　対象物　ブルー号〉,〈乗せる　受取主　花子〉

定義属性は，行為や状態に関与する事柄の役割を規定しているということから**格構造**とも呼ばれる．概念が有するどの性質が構造的性質であり，それに応じた定義属性を表現するかという点についてはかなりの任意性が存在する[5]．以上の知識をグラフで表現すれば図 1.14 のようになる．

c.　クラスとインスタンス

概念 (クラス) とその事例 (インスタンス) を区別することは意味ネットワークの節点やリンクの「意味」を明確にするうえで重要である．共通の性質を有する対象の集合が**クラス**，一つひとつの具体的な対象が**インスタンス**である．これまでの「動物」や「人間」といった概念はクラスであり,「太郎」は「人間」というクラスのインスタンスである．また「年齢」のような関係 (「動物」や「人間」と「数」の間の関係) もクラスと考え,「太郎の年齢は 25 である」という具体的な関係がそのインスタンスである．

このように考えると，意味ネットワークは，図 1.15 のようにクラスとインスタンスのネットワークの組合せで表現することができる．この図では，インスタン

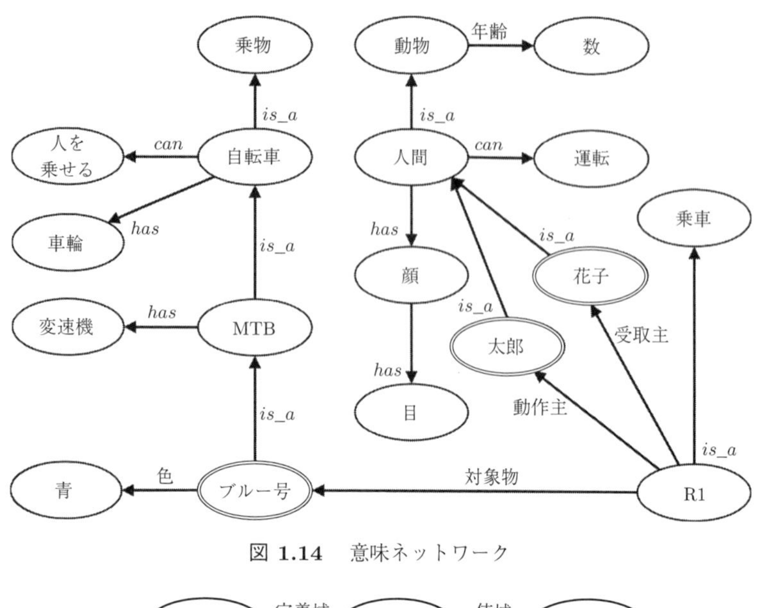

図 1.14　意味ネットワーク

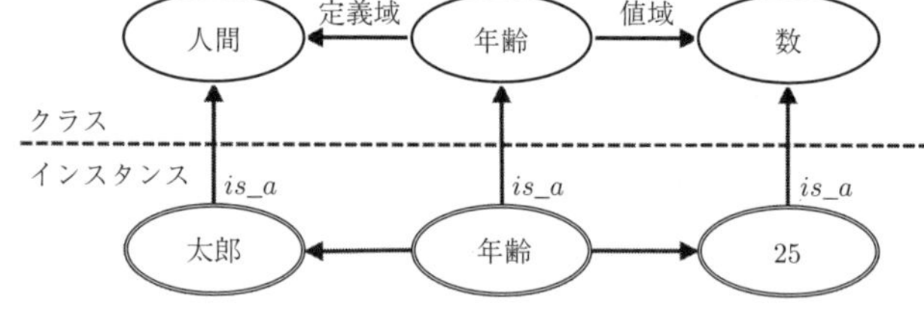

図 1.15　クラスとインスタンス

スは二重線の枠で示している．この表現において，概念のもつ性質のうち構造的性質についてはその定義属性を関係クラスとして表現せず，概念クラスの記述に含めて表現する．たとえば［学生］という概念クラスを考え，その定義属性として「所属学科」と「学生番号」を定義し，性質属性として「アルバイト」を定義した場合，図 1.16 のように表現される．ここで，定義属性は［学生］との間の関係に関係クラスとして定義していないが，性質属性の「アルバイト」は，関係クラスとして定義している例を示している．

d.　階層構造による性質 (属性) の継承

汎化関係として IS–A 関係を説明した．図 1.12 に示すように MTB は自転車で

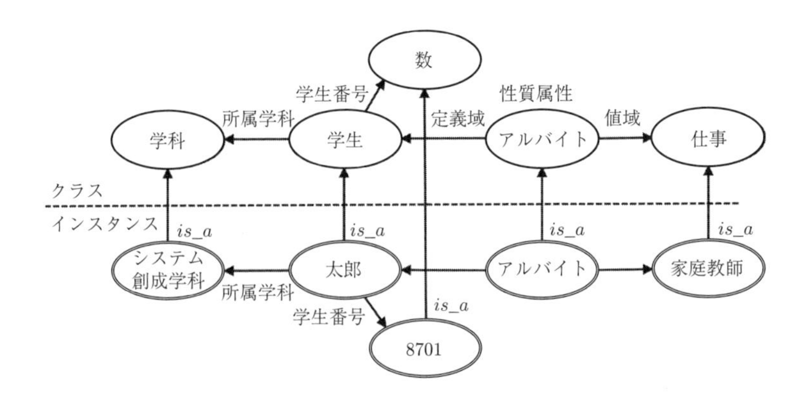

図 1.16 定義属性と性質属性

あり，自転車は乗り物である．MTB はもちろん乗り物である．このように IS–A 関係には推移律，すなわち A is a B，B is a C ならば A is a C が成立する．この関係を利用すると「MTB には車輪が二つある」,「自転車には車輪が二つある」と個別に記述する必要はなく，最上位の自転車に「自転車には車輪が二つある」と記述すれば，下位の概念は is a の枝を辿ることで上位となる概念の性質を継承することができる．これを性質 (属性) の**継承**と呼ぶ．継承を有効に活用するためには，一般的な性質は可能な限り上位概念に付与することが肝要となる．

継承には，複数の上位概念から同時並行的に性質の継承が行われる場合がある．このようなケースを**多重継承**と呼ぶ．図 1.17 に示す自転車フレームが直接の上位概念として金属製品と複合材料製品という複数の概念をもち，両方の属性を継承するような場合がある．このような継承を回避する考え方として，性質の分解による対応が考えられる．たとえば，自転車のフレームの概念から材料という性質を属性として分離，取り出し，材料の属性として CFRP またはアルミ合金を付与

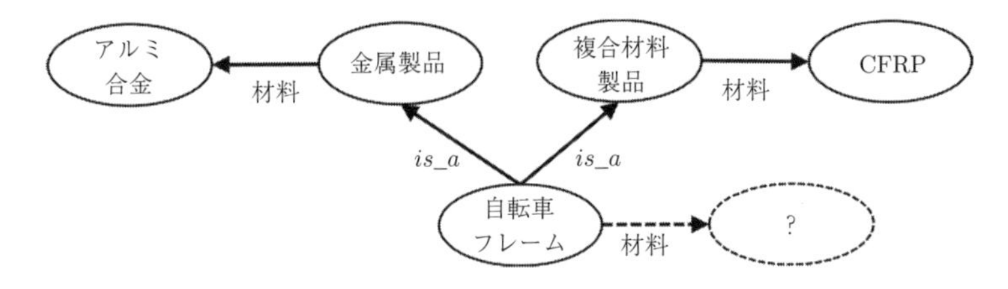

図 1.17 複数概念の継承

するという構造が考えられる．

継承が成立しない場合も存在する．一例として，自転車は (荷台に) 人を乗せることができる．一輪車は自転車であるが，荷台がないため人を乗せることができない．上記の矛盾を解消するためには例外処理を行う必要がある．図 1.18 (a) に示すように，一輪車に「人を乗せることができない」という属性を与え，下位概念の属性を上位概念の属性よりも優先させることで，継承における推論の制御を可能とする．この継承は，集合的な対象，すなわちクラス概念の継承である．

一方で，個々の対象すなわち個体概念をインスタンスとして表す場合の継承も存在する．図 1.18 (b) に示すように，たとえばブルー号は自転車であるとするが，ブルー号はパンクしていて，走れないという状況が表現される[6]．

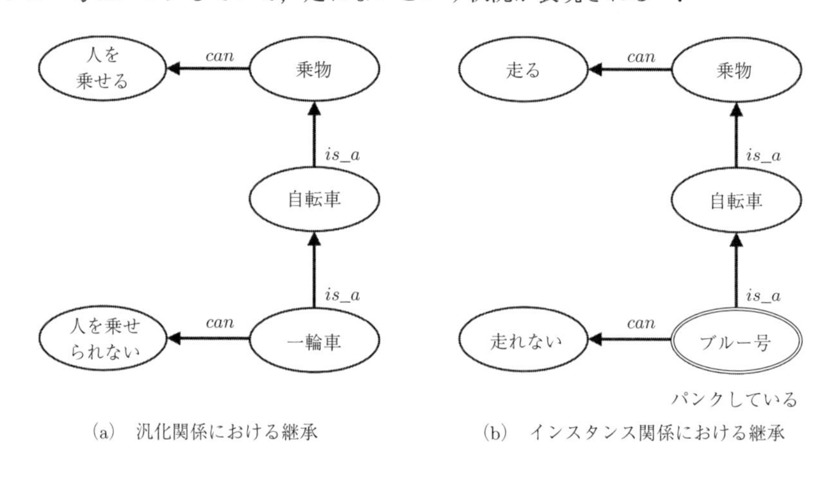

図 1.18　さまざまな種類の継承

e. 意味ネットワークにおける推論

意味ネットワークの解釈や推論では，ネットワーク構造の照合に基づいて処理される推論がある．この推論は，質問に対して質問ネットワークを生成し，それと意味ネットワークの部分的なネットワークとを照合することによって必要とする推論結果を得るものである[6]．

(i) リンク間の推論　意味ネットワークにおける推論は，節点を共有する複数リンク間の関係として定義される．最も単純な推論は，特定のリンク間に推論を適用する場合である．たとえば，図 1.19 のように，実体概念の包含関係を表す IS–A 関係によって,「ブルー号は MTB である」〈ブルー号　is a　MTB〉と,「MTB は自転車である」〈MTB　is a　自転車〉より“ブルー号 — MTB — 自転車”が結ばれているとき,「ブルー号は自転車である」〈ブルー号　is a　自転車である〉を推論するものである．

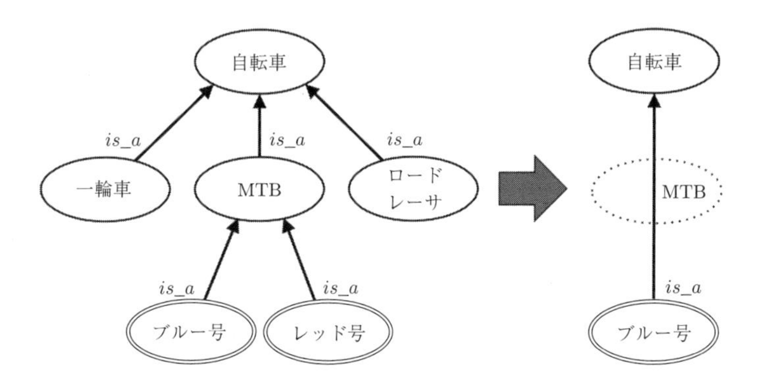

図 **1.19**　意味ネットワークでの推論 (1)

(ii) 階層構造による性質の継承を利用した推論　階層構造による性質の継承を利用した推論は，ネットワークの間接的な照合による推論であり，性質の継承という操作を考えることで，意味ネットワークにおける記述の量を大幅に削減することができる重要な推論である．

図 1.14 の知識ベースに対し「ブルー号は人を乗せることができるか？」という質問がされたとしよう．この質問を表すネットワークは図 1.14 (図 1.20 (a) に再掲) と直接的に照合をとることはできない．この場合，図 1.20 (b) のように IS–A を辿り「ブルー号」の上位概念である「自転車」の性質を継承することによって答えを得ることができる．

また,「ロードレーサは人を乗せることができるか？」という質問に対しては，下位概念の属性を上位概念の属性よりも優先させる記述が存在すれば,「できる」という答えを得ることができる．

(iii) 直接的な照合による推論　質問を表すネットワークの節点とリンクの一つひとつが，知識ベースとなる意味ネットワークの節点と枝の一つひとつと照合さ

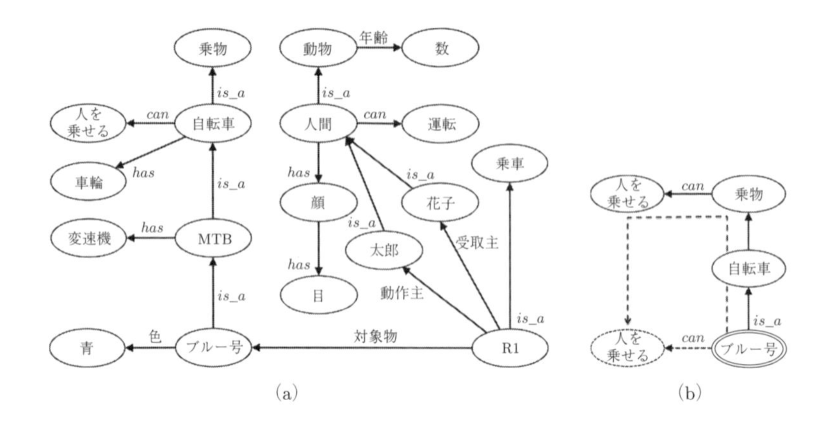

図 1.20　意味ネットワークでの推論 (2)

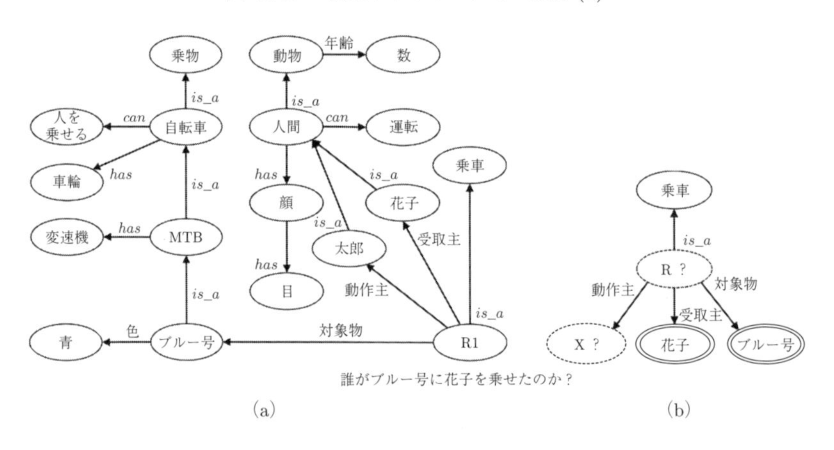

図 1.21　意味ネットワークでの推論 (3)

れ，推論が実行される．質問を表すネットワークの節点には変数節点が含まれる．図 1.14 の意味ネットワークが知識ベースとして与えられ，これに対して「誰がブルー号に花子を乗せたのか？」という質問がされた場合を考える．この質問は図 1.21 (b) のようなネットワークで表される．ここで R?，X?が変数節点である．このネットワークを図 1.14 (図 1.21 (a) に再掲) の意味ネットワークと照合すれば，「ブルー号」へ「対象物」の枝をもつ節点として R1 が見つかるので，R?=R1 とすることによって照合がとれ，「動作主」の枝を辿ることによって，X?= 太郎 が質問の答として得られる．

(iv) 間接的な照合による推論　直接的な照合がとれない場合には間接的な照合を試みることが考えられる．これには，含意を明に表現しておく方法が考えられる[7]．含意を意味ネットワークで明に表現する方法としては，意味ネットワークを，前半に相当する部分と後半に相当する部分に分割するという方法が考えられる．たとえば，

$$\forall x \forall y \forall z [\mathrm{P}(x, y) \to \mathrm{Q}(x, z)]$$

というような含意形式は図 1.22 のように表現することができる．このような含意形式が与えられれば，後半部分について直接照合できない場合にはその前半部分に関する照合を行えばよいということになる．これは後向き推論に相当する．

図 1.23 に示すような含意図式が与えられているとする．これは，式 (1.1) に示す含意形式を表現している．

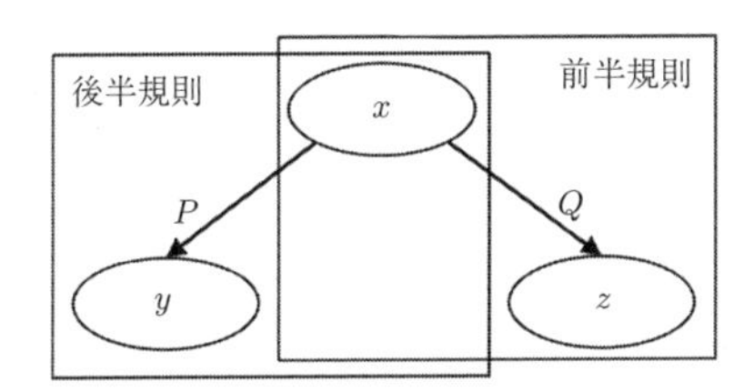

図 1.22　含意形式の意味ネットワーク表現

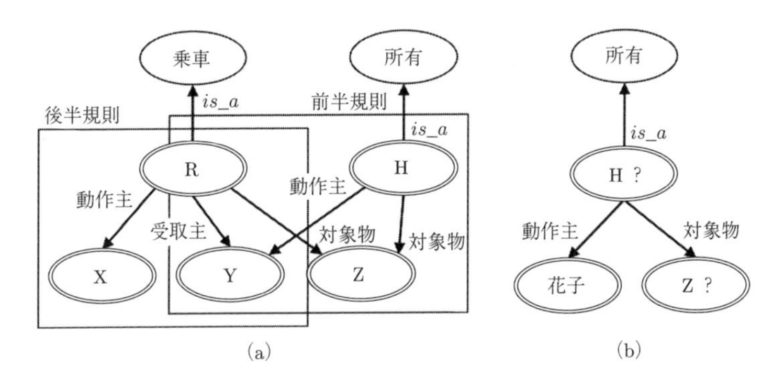

図 1.23　含意形式の意味ネットワーク表現と推論

$$\forall x \forall y \forall z[\mathrm{RIDE}(x,y,z) \rightarrow \mathrm{HAS}(y,z)] \qquad (1.1)$$

ここで，図 1.14 の知識ベースに対して「花子は何に乗せてもらっているのか？」という質問があったとする．この質問は図 1.23 (b) のようなネットワークで表されるが，これは図 1.14 と直接照合をとることができない．そこで，まず図 1.23 の前半規則と照合をとる．ここで，H=H?，Y= 花子，Z=x?とすることによって照合がとれるので，図 1.21 のネットワークの代わりにこの後半規則を図 1.14 と直接照合することになる．その結果，R=R1，Z= ブルー号とすることによって照合がとれ，質問に対する答え「ブルー号」が得られる．

f.　意味ネットワークによる知識表現の課題

意味ネットワークで表現される知識は，知識が対応する節点から順にネットワークを辿るだけで関連する知識が容易に得られ，知識の全体が把握しやすい．この感覚により，人による無矛盾性の管理は容易であるように感じられるが，実際にネットワークを構築する際には，階層構造，ルール，動作の表現など機能の異なる記述が同一ネットワーク内に混在するため，推論に複雑な処理が必要とされ，煩雑な多くの手間が必要とされる．

意味ネットワークとして表現される「概念」や「リンク」は，どのレベルの概念でなければならないのか?，概念間の継承関係をどのように設計すればよいのか?，さらには，リンクとして各々の概念間の「関係」を示す必要があるが，その「関係」について定義したい場合はどのようにすればよいのか？などの検討課題が多く存在する．概念の表現においては,「内包」と「外延」による表現が存在する．「内包」による表現とは，概念が共通して有する性質や，概念に含まれる意味，内容を列挙することによる表現であり，意味ネットワークにおける HAS–A 関係や，有する性質などを関係として記述する表現が相当する．たとえば，自転車はタイヤを有し，走る能力をもつという記述によって表現する方法である．一方,「外延」による表現とは，概念に対応する実体を列挙した集合による表現であり，IS–A 関係の記述によるインスタンスを列挙した表現が相当する．たとえば，自転車という概念を具体的な自転車 A と関連づけたり，具体的な種類である MTB などの概念との関係を記述することに相当する．このように「内包」と「外延」による概念の記述に関しては記述表現する関係の意味が異なったものとなり，意味的に，かつ，論理的に整合性のとれたネットワーク構造を提案するのは難しい作業となる．

意味ネットワークの記述性の高さによってさまざまな形式のネットワークが生成される．それらの意味ネットワークの表現形式に合わせた推論を可能とする推論エンジンの定義が必要となる．しかしながら，検討が十分ではない推論は矛盾を生じさせる可能性も高くなり，利用者が矛盾の除去に自ら注意を払う必要がある．その結果として，利用者ごとの任意性が強くなってしまうという問題が発生する．

また，意味ネットワークにおいて，単純に接点間にリンクを付けていくと，まったく異なる場面における知識群が混在することになり，理解が困難になる．ネットワークを場面によって分割するとか，階層化するなどの方法が考えられるが，もっと根本に遡って考える必要がある．知識が増すと表現が急速に複雑になるため，意味ネットワークによる知識表現は，現実の大規模かつ複雑な問題に対処し得るかどうかを厳しく検討する必要がある．

1.2.3　フレームモデル

意味ネットワークは，人間が認識する概念に着目し，概念間の関係を記述することによって知識をネットワークで表現する簡潔 (シンプル) なモデルである．しかしながら，人間の記憶，推論，理解，学習の仕組みは，はるかに高度でかつ複雑であり，記述された知識の管理，活用についての課題解決が要望される．Minsky は「人工知能」のための知識表現を議論することを目的に，認知科学的な一つの考え方として，フレーム理論を 1975 年に提唱した．フレーム理論が提案する知識表現には，意味ネットワークの知識表現が多く導入されている．実体や属性，関係などの基本的な概念は共通であり，汎化関係 (IS–A 関係) や集約関係 (PART–OF 関係，HAS 関係) などは，表現される知識は同じ意味である．また，インヘリタンスなどの階層構造による表現も同じ意味で利用される．そこで本項では，意味ネットワークにおける知識表現との相違を確認しながら，フレーム理論に基づくフレームモデルについて理解するとともに，知識表現における共通的な表現の存在を理解する．

a.　フレーム理論

Minsky (ミンスキー) が提唱したフレーム理論は，シーン (風景) の理解や物語の理解といった人間の認知活動を説明するためのモデルとして提案された．シーンの理解にしても物語の理解にしても，与えられた複数の情報が一つの意味をもつということを瞬時に理解できるためには，人が保持する記憶の中に，これらの情報と特定の概念対象とを結び付ける手掛りがあらかじめ存在している必要性が考えられる．そうでなければ，ばらばらにみえる複数の情報を体系立てることは非常に困難である．フレーム理論では，人の記憶の中に特定の概念対象ごとにまとめられた枠組が格納されており，この枠組みと連結されている具体的項目や値と，外部から与えられた情報とのマッチングをとることによって，物事を理解していると考えることが基本となっている．

たとえば，初めて手にする自転車に乗る状況を考える．理論的には，見るもの，触るものすべて初めて経験するものばかりであるから，それらの一つひとつについてそれが何であるか逐一認識する必要がある．しかし実際には，自転車を見た瞬間に実に多くのことを認識できる．このことは，人は今までの経験により，あらかじめ自転車というものについての典型的な知識 (自転車にはハンドルがあり，サドルがあり，ペダルがある．ハンドルにブレーキレバーがあり，ブレーキレバーを握ると車輪のブレーキが効く．...) をもっており，苦労せずその自転車の構造を認識し，運転を理解できる．このような知識を表現するための枠組みがフレームである．

b.　フレームの特徴

フレーム理論では，一つの概念やある特定の事例などをひとまとめに表現する**フレーム (枠)** と呼ばれる記述の単位が提案される．このフレームは，人は新しい場面に遭遇したときに，記憶の中から一つ選び出される基本構造である．これは人が過去に記憶したものであり，詳細な部分まで一致しなくてもよく，必要に応じて現実に合うように詳細な情報を変えられるようになっていることが特徴である．

知識には，人がおかれる環境に応じて意味が定義されるという面があり，その環境は，人の興味，関心がどのような範囲，対象に向けられているかによってその広がり，深さが異なる．たとえば，自転車の購入を計画する人の思考を考えてみる．最初は，自宅を中心とした活動内容を条件として活動範囲を考え，必要な移動手段として自転車が候補として挙げられる．次に，その活動範囲に含まれる少し狭い地域内で活動地点，活動経路が想定され，自転車によって実現される移動方法が具体的に考えられる．さらに，具体的な活動状況が想定され，活動状況にフィットする自転車が具体的に選定される．このような思考範囲をフレームとすると，フレームごとに思考や動作のパターンが異なってくることが理解できる．

フレームには，概念とそれらがもつ属性や関連事項がまとめて記述される．フレームに関する詳細な情報だけでなく，フレームの情報の使い方に関する情報，(シーンや物語の理解においては) 次に何か起こりそうかの予測に関する情報，この予測が外れたときにとるべき行動に関する情報，などの手続きを付加することもできる．フレームが節点となる意味ネットワークであるとも考えられる．

しかしながら，手続きがフレーム内に埋め込まれていることは，推論機構と知識の一体化を意味し，知識の独立性を低くしてしまうという問題を生じさせてしまうという懸念がある．知識が他の知識とは独立して記述されている状況であれば問題はないが，ある知識がさまざまなフレームで参照的に記述されている状況を想定すると課題が残る．その知識を，あるフレームにおいて手続きを考慮して変更・修正した場合，関連して変更・修正が必要とされる知識が記述されるフレームを見つけ出すのは容易でなく，全体的に，知識の整合性を確保することが困難となってしまうといった課題がある．

c.　フレームの構造

従来の知識表現の形式では，概念や概念間の関連性，属性や属性値など関連する情報を一つにまとめて記述する形式がなく，複雑な知識を扱う際の記述に対する「複雑さ」の制御が困難であった．フレームは，これらの情報を一つにまとめて記述表現し，知識表現のモジュール性を高める効果を有する．

フレームには，識別名としてフレーム名が付与される．フレームはそれが表現する概念や事例を特徴づける属性に対応する**スロット**と呼ばれるデータ項目のようなものをもち，各フレームは値をもつことができる複数個のスロットによって構成される．スロットの値はスロット値で記述表現される．フレーム，スロット，スロット値は，意味ネットワークで用いられる対象，属性，属性値に相当し，フレームはその骨格として，対象，属性，属性値の三つ組を，対象中心にまとめ上げた枠であると認識できる[7]．

スロットには属性だけでなく，フレームが表現しようとする概念や，事例と密接に関連する他の概念や事例，つまり他のフレームが記述される．必要に応じて，スロットを操作する定義なども記述される．フレームは，一つの対象を複数のデータ項目の集合として捉え，そのデータの操作もまとめて記述することから，オブジェクト指向におけるオブジェクトに類似した構造をもつと認識できる．

図 1.24 に，一般的なフレームの基本構造を示す．また，以降にフレームを構成する重要な概念を整理する．

```
フレーム名
          スロット名1：（ファセット1：値A）
                      （ファセット2：値B）
                      （ファセット3：値C）
                          ⋮
          スロット名2：（ファセット1：値A）
                          ⋮
          ⋮
```

図 1.24　フレームの基本構造

(i) スロット　　意味ネットワークと同様に，フレームも「属性—値」という形式を知識表現の基本単位としている．フレームでは，意味ネットワークでの属性をスロットと呼ぶ．属性に相当する部分を**スロット名**，属性値に相当する部分を**スロット値**と区別し,「属性—値」という形式の知識表現単位が記述される．

スロット値として，数値とか他のフレームへの参照情報などといったさまざまな形式の情報を記述することが可能である．関数の指定も許されており，デフォルト値を指定したり，値についての制約を記述したり，値を求めるための手続きを記述したりなど，知識を手続き的処理で表現することも可能にしている．これを可能とする概念が後述するファセットである．

このスロットを状態変数あるいはインスタンス変数とみなせば，フレームとオブジェクト，あるいはクラスとの対応を容易に理解することができる．

(ii) ファセット　　対象についてある属性 (スロット) のさまざまな状況を想定すると，関連する情報としていくつかの内容を考える必要がある．これらの複数の情報を一つのスロットに関連づけるために，ファセットと呼ばれる概念が定義される．代表的なファセットを以下に示す．一つのスロットには必要に応じて複数のファセットが記述される．

value：データは値であることを示す．実際の対象に観測される属性値を格納するためのものであり，必須のものである．

default：データはデフォルト値であることを示す．そのスロットが多くの場合に一定の属性値をとることがあらかじめ了解されている場合，そのような代表値を格納するために使用される．

require：データはそのスロットに入り得る値に関する制約であることを示す．

(iii) デーモン　フレームに記述される特徴的な機能としてデーモンがある．デーモンとは，スロットに値が代入されたり，値の参照が行われたりしたときに自動的に起動する手続き (プログラム) であり，ファセットとしてスロット中に記述できる．下記は指定された条件が満足されると起動するプログラムを記述するファセットである．

if-added：スロットに値が入力されたときに起動するプログラムを示す．

if-removed：スロットの値が削除されたときに起動するプログラムを示す．

if-needed：スロットの値が必要とされたときに起動するプログラムを示す．

このようなデーモンを記述したファセットにより，フレーム利用中に生じる変化に伴う手続きの呼出しを自動的に行うことができ，推論に柔軟性を与えることによって推論の負担を大幅に削減することが期待される．フレームに対して手続きを付加的に定義するという考え方は，オブジェクト指向におけるメソッドという形式で引き継がれている．

d.　クラスとインスタンス

意味ネットワークにおいては，クラス—インスタンスの概念が提案された．インスタンスは，人間が認識する，実際の世界の中に存在するさまざまな具体的な対象であり，クラスとは，これらの具体的な対象を観測する際に意識される，認識される個別の対象が所属するグループである．Minsky がフレーム理論で主張した仮説の一つに，人間はその記憶構造としてクラス階層に相当するものをもっており，この階層をうまく使うことにより，記憶の共有と記憶領域の節約を行っているというものがある．知識として概念を扱うフレームにおいても，クラス—インスタンスの概念が導入され，インスタンスを表現するフレームは，is_a スロットと呼ばれるスロットをもち，このスロットの値にそのインスタンスが属するクラスのフレームが記述される．

実際に存在するのは「太郎と呼ばれる存在」であるが，フレームによる記述では「ひと」のクラスのフレームを定義し,「太郎と呼ばれる存在」に相当するインスタンスのフレームを定義することになる．これらの一連の定義は，現実に存在する個別の対象に関連して，より一般的なモデルを設定し，モデルによる対象の分類を行っていることに相当する．フレームにおいても意味ネットワークと同様にIS–A関係やHAS関係を定義する．それぞれの意味は同意であり，その表現方法が異なるのみである．このことからも，IS–A関係やHAS関係は，知識の表現において重要な役割を担うことが理解できる．

e.　インヘリタンス

意味ネットワークでも紹介したように，フレームでも，さまざまなクラスの間に，一般化の度合(抽象度)に応じた階層関係が導入される．あるクラスが他のクラスに対してより抽象度の高い場合，そのクラスをスーパークラスと呼び，この逆の関係にある場合には，サブクラスと呼ぶ．たとえば，MTB (マウンテンバイク) のクラスは自転車のクラスのサブクラスであり，自転車のクラスのスーパークラスは乗り物のクラスとなる．クラスを表現するフレームはis_aスロットをもっており，このスロット値に当該フレームに対するスーパークラスが記述される．

クラスの階層関係は，フレームによる知識の表現において重要な役割を果たす．インヘリタンス(属性の継承)である．あるフレームが表現する対象が，概念的に上位—下位の関係(is-a関係)にあるとき，これに対応するフレームをこの階層関係に基づいて構造化することができ，このとき，上位フレーム内の同一名のスロットの属性を下位フレームに継承させることができる．基本的にはサブクラスやサブクラスのインスタンスにおいても継承は成立し，スロットの属性だけでなく，スロットに定義されたすべてのファセットとその値も継承することができる．このようなインヘリタンスによって，情報の重複が避けられ，また，それによって知識の矛盾を防止する効果が期待できる．

下記のような知識が与えられているとき，フレームを用いてこれらを表現することを考えてみる．結果は，図1.25のようになる[7]．

① 自転車は乗物である．
② 自転車には通常，車輪が二つある．
③ 自転車はある決まった価格をもつ．

自転車	
is-a：	(value：乗物)
車輪数：	(default：2) (value：2)
サイズ：	(require：整数)
重量：	(require：実数)
価格：	(require：整数)

MTB	
is-a：	(value：自転車)
メーカ：	(require：文字列)
登録年月：	(require：日付)
使用期間：	(require：年数，日数) (if-needed：＜登録年月から使用期間を計算する手続き＞)
盗難保険料：	(require：金額) (if-needed：＜本体価格に対応する保険料を計算する手続き＞)

図 1.25　自転車に関するフレーム表現

④ MTB は自転車である．
⑤ MTB はそれを製造したメーカのデータをもつ．
⑥ MTB には防犯登録年月があり，これが入力されれば使用期間がわかる．
⑦ MTB の盗難保険料は，必要なら計算できる．

f.　フレーム・システム：フレーム間の関係

複雑な条件とは，いくつものフレームに対応づけられる物事の間の関係を指定する条件である．関係のあるフレームの集まりは，フレーム同士が互いにリンクされて**フレーム・システム**を形成する．このフレーム間の関係の記述によって，さまざまな知識構造が表現される．たとえば，一つのフレーム・システムの異なったフレームが異なった視点からのシーンを記述している場合は，一つのフレームと他のフレームとの関係は，あるシーンから別のシーンへの視点変換を表すことになる．このように，行為，原因—結果の関係，あるいは概念的視点の変化などがフレーム間の差異の情報として表現されることになる．なお，一つのフレーム・システムで，多数のフレームが一つのフレームを参照することができ，異なるフレームが同一のフレームを共有することが可能である．これは重要な特徴であり，異なった視点から集められた情報を統合することができる．

g.　フレーム・システムにおける知識検索

フレーム・システムにおいて，問題解決での候補となったフレームが現実の問題に適合できないとき，代わりのフレームを探索する必要がある．フレーム同士の類似性など，フレーム間の関係構造を表現することにより，フレームの理解に有用なその他の情報についての知識を表現することが可能である．あるフレームがある状態を表すものとして選ばれると，マッチングプロセスがそれぞれの場所のマーカの条件に合うように各フレームのすべてのスロットに値を代入しようと試みる．このマッチングプロセスは，そのフレームに付けられている情報によって，さらにシステムのその時点の目標によって制御される．マッチングプロセスが成功しなかったとき，そこで得られた情報を利用することが重要である[5]．

図 1.25 は，自転車を表すフレームを示している．これが知識として蓄えられているとする．また，ある対象を認識しようとしており，この対象について，自転車フレームに与えられているいくつかのスロットと同種の属性が観察されたとする．このとき，自転車としての特徴を示しているものとして，記憶の中から自転車フレームが呼び出されてマッチングの処理が始まる．そして，すべてのスロットの条件を満たすようなデータが得られたとき，この対象は自転車として認識されたことになる．もし，重量が 50 kg であったり，原動機 (エンジン) があったりするなど，自転車フレームに与えられている条件に合致しない場合は，自転車ではないと判断される．この際に，別途定義される「自動二輪車フレーム」が存在し，自転車フレームとの間に類似という情報があれば,「自動二輪車フレーム」に対して同様のマッチング処理を行うことも可能である．

h.　フレーム・システムにおける推論

フレーム・システムにおける推論は，フレーム間のメッセージ交信によって実行される．図 1.25 で示される知識が与えられており，ある特定の自転車であるブルー号について，下記のデータが与えられた状況を想定する．

F1：ブルー号は自転車である．
F2：ブルー号はスポーツ仕様で，2016 年 02 月 14 日に登録された．
F3：ブルー号のサイズ (フレーム) は 17 inch，重量は 14.6 kg である．
F3：ブルー号の価格は 44,980 円 (税別) である．

以上のように与えられたデータが，フレーム内において，下記に示す処理がされることによって,「ある特定の自転車であるブルー号について」の知識がフレーム

自転車

is-a：	(value：乗物)
車輪数：	(default：2)
	(value：2)
サイズ：	(require：整数)
	(value：17 inch)
重量：	(require：実数)
	(value：14.6 kg)
価格：	(require：整数)
	(value：44,980 円)

MTB

is-a：	(value：自転車)
メーカ：	(require：文字列)
	(value：XXXXXX)
登録年月：	(require：日付)
	(value：20160214)
使用期間：	(require：年数，日数)
	(value：5.3 年)
	(if-needed：<登録年月から使用期間を計算する手続き>)
盗難保険料：	(require：金額)
	(value：3,149 円 / 年)
	(if-needed：<本体価格に対応する保険料を計算する手続き>)

図 1.26　自転車 (ブルー号) に関するフレーム表現

として図 1.26 に示すように定義される．

Step 1：F1 より「自転車フレーム」のインスタンスとして「ブルー号フレーム」がつくられる．

Step 2：F2，F3 のデータによって，この「ブルー号フレーム」の各スロットが埋められる．F2 によって防犯登録年月日が書き込まれ，手続き「if-added」が起動されることで，スロット「登録年数」の値が自動的に書き込まれる．

以上のように知識がフレームとして記述されると，下記に示されるような質問に対する回答はフレームの知識処理によって示される．

Q1：ブルー号の防犯登録年月はいつか？
スロット「登録年月」の値を参照することによって答える．

Q2：ブルー号の盗難保険料はどれくらいと思われるか？
手続き「if-needed」により保険料を計算して答える．

Q3：ブルー号は人を乗せることができるのか？
上位フレームである「乗り物フレーム」からの性質の継承によって答える[8]．

i.　フレームによる知識表現のまとめ

Minsky が提案したフレーム理論では，映画が一コマ一コマをつないで全体のストーリーを表現するように，知識を一コマに相当するフレームの接続関係によって表現しようという発想に基づいている．このとき，以前のコマから変化しない場合は，前のフレームを指すことによって，表現すべき量を節約することができる．また，物をいくつかの部品に分割して，それらから構成されていると表現すると，部品がまた複数の物の間で共有することができるので，同様に表現すべき量が節約できる．さらに，共通の部品 (部分) をもつというような推論も可能になり，意味的な表現力も増すことになる．

フレーム・システムは，各フレームに役割が与えられ，それぞれが前もって割り当てられた範囲で推論を行いながら，協調的に問題解決を行うシステムである．どのような対象，状況をフレームとして表現するかは，フレームの利用者に任されている．特定の実体，たとえば特定の個人のようなものでも，その個人に関連するさまざまな記述がなされ，一つの状況を形成するから，フレームとして表される．フレームによる知識システムの実現においては，知識処理を体系的に進められるようにするのは人の責任となり，人が問題の全体を見通したうえで，フレーム・システムを書き下す必要がある．これは，手続き的な方法であると認識することができる．

1.2.4　オブジェクトによる知識表現

a.　意味ネットワーク，フレームからオブジェクトへ

意味ネットワークは，自然言語理解のために設計された知識の記述表現から始まり，知識を扱う情報はすべてノードとリンクとして表現される簡潔なネットワークモデルが提案された．ネットワークのリンクによって，実体と実体との関係を表現する概念が簡潔に示された．また，概念の階層構造と継承 (インヘリタンス) の導入は，知識の記述能力を高め，知識システムの開発における効率向上に有効な手段として注目を集めた．さらに，フレーム理論に基づいて提案されたフレーム・システムは，知識を記述する非常に強力な枠組であるフレームを提案し，知識に対して付加する手続きやメッセージ交換型の処理方式の導入は，モジュール性の高い知識システムの構築を実現可能とした．オブジェクト指向は，フレームがもつ特徴をソフトウェア工学的に強化し，ソフトウェアの部品化，モジュール化などによるソフトウェアの再利用性を高めることを実現化するために完成され

たソフトウェア言語である．本項では，知識の記述の観点からオブジェクト指向の概念を捉え，知識モデリングの理解を深めることを目的とする．

b.　オブジェクトとは

意味ネットワークやフレームなどの知識表現は，知識がもつ構造を積極的に扱う表現方法であり，下記に示す特徴が認識できる．

- 表現の効率性：　専門家が知識を計算機に効率的に表現可能である．
- 理解の容易性：　計算機が処理可能な知識を容易に理解可能である．
- 利用の有効性：　記述された知識を計算機は有効に使用可能である．

上記の特徴を受けて,「オブジェクト指向」では，対象領域に登場する実体の一つひとつについて，オブジェクトをできるだけ一つひとつ対応させることにより，対象領域のモデル化の表現をより直接的なものにするという基本的な考え方が存在する．その結果，オブジェクト指向は強力なモデル化能力を有し，現実世界の実体および実体どうしの関係をそのままのイメージで実際の仕組みを計算機内部に再現することを容易としており，構築された実体の構造は，より直感的でわかりやすくなっているという特徴を有する．

オブジェクトは，現実世界の対象領域に登場する物理的実体や概念的実体をモデル化し，それをモジュールとして表現したものである．具体的には，属性を表すデータとそれを操作する**メソッド**と呼ばれる手続きを一体化 (カプセル化) し，オブジェクトはその状態を記憶し，メソッドで書かれた機能，動作を実行する仕組みである．フレームの概念をソフトウェア概念として実現していると理解できる．

c.　オブジェクト指向におけるモデル化

オブジェクトは，実体がモデル化され，そのモデルがモジュールとして表現されたものである．実体は，それが固有にかつ唯一もつ**アイデンティティ**と，その実体がもつ**属性**や機能，構造 (関係) によって特徴づけられ識別される．したがって，実体を「モデル化」するとは，下記の情報を記述表現することとなる．

- 実体がもつ属性，機能，状態
- 実体間の関係
  - ・実体を構成する要素との関係

・実体が属するクラスやインスタンスとの関係

上記において実体の状態が示された．一般的には，実体は時間的に変化する．具体的には，実体の状態や構造 (構成要素や関係) が時間的に変化する．このような時間的変化を扱うために，状態という情報が扱われる．状態も知識に関係し，次節で議論する．

d.　実体の機能とオブジェクトのメッセージ

実体の機能を知識として記述することを考える．自転車の例では，機能に対応するものは,「ペダルをどのように回転すると自転車の速度がどのように変化するか」や「ハンドルをどのように切ると自転車はどのように方向転換するか」というようなことである．これらを具体的に記述表現するには，関数や手続きが一般的に用いられる．たとえば，ペダルを回転する速度と自転車の速度の対応関係は，適当な関数で表現され，ハンドルの回転角度と自転車の方向の関数として表現される．

フレームでは，スロットに記述されるデーモンによって記述されたが，オブジェクトでは，メソッドとして記述されることにより，オブジェクト間で送信し合う**メッセージ**によって，期待される振舞 (動作) や計算が処理される．従来の関数呼出しに代わるだけとの理解もできるが，知識の記述方法だけでなく，記述箇所を明示できている点で，知識管理のうえでは重要な特徴であると理解できる．

e.　実体の状態とオブジェクトの状態

実体の機能を，関数や手続きとして表現する際に留意する必要があるのは，実体の状態の扱いと記述である．ペダルを回した結果，自転車の速度が変化し，かつ，自転車の位置が変化するという事象を忠実に表現する必要がある．新しい速度や位置は，ペダルを回す前の速度や位置に依存するので，ペダルの回転速度だけでなく，回転する時点の自転車の速度や位置も考慮した関数である必要がある．したがって，自転車の状態の情報である位置や速度を記述し，更新することも肝要となる．このように一つの実体のより忠実な表現には，その実体のもつ状態 (あるいは構成要素) に対応する「データ」的な表現と，それを解釈する「関数・手続き」やその実体のもつ機能に対応する「関数・手続き」的な表現とは互いに不可分である特徴が認識できる．つまり，知識として統合的に扱う必要性が存在するということが理解できる．

f. 実体間の関係とオブジェクト間の関係

オブジェクト同士の位置づけを表現する関係は，関連，集約，汎化，依存，実現に分類される．各関係の表記法と意味を表 1.1 に示す．意味ネットワークやフレーム理論では，階層的な上位関係を規定する IS–A というリンク/スロットが，また，部分関係を規定する PART–OF というリンク/スロットが提供されている．オブジェクト指向の観点からは，IS–A は汎化と定義される関係であり，データ抽象化によって明確にされる実体 (クラス) 間に存在する上位と下位の概念を表現する関係である．汎化の例を図 1.27 に示す．上位のクラスは下位のクラスを汎化したクラスである．関係を逆方向に説明すると下位クラスは上位クラスの特化されたクラスといえる．特化されたクラスは上位クラスの性質 (属性，機能，状態の定義) を継承し，異なる性質は部分的に付加される．

表 1.1 関係の分類と表記例

種　類	表記法	意　味
関連：association	――――――	二つのオブジェクト間の対等な参照や利用関係
集約：aggregation	――――◇	関連の一種で，ある要素が別の要素を部品として含む関係
汎化：generalization	――――▷	クラス間の is-a 関係
依存：dependency	---------->	別の要素を使用する関係
実現：realization	----------▷	異なる抽象レベルの対応関係

PART–OF は集約と定義される関係である．集約の例も図 1.27 に示すが，構成する要素の数を示す多重度が記載される．図中に示される多重度は，乗用車は車輪を四つもっているという知識や，車体には 2 から 5 までのドアがあるという知識が実体 (オブジェクト) 間の集約関係の多重度として記述されていることが理解できる．さらに，オブジェクトが自己に記述するメソッドなどにおいて直接的，あるいは間接的に参照し合うオブジェクトの関係も存在する．それらは関連や依存の関係であり，汎化や集約とは異なる実体間の関係に関する知識が表現されることになる．

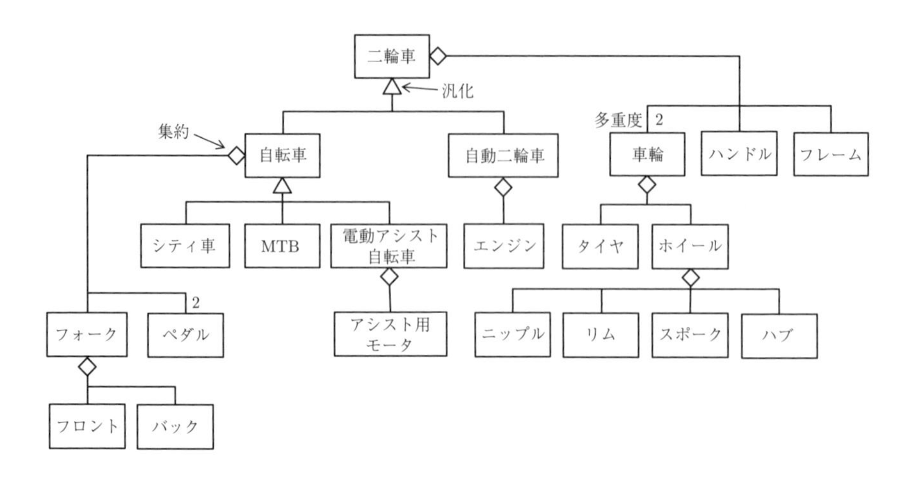

図 **1.27**　汎化関係と集約関係の例

1.2.5　オントロジーによる知識表現

前項までに，知識モデルとして，意味ネットワークやフレームモデルを紹介し，さらには知識システムを構築する観点からオブジェクト指向についても紹介した．本節では，これらの知識モデルや知識システムに深く関連する概念であるオントロジーについて学習する．

a.　オントロジーの定義

オントロジーは「存在に関する体系的な理論 (存在論)」という意味をもつ哲学用語であり，現実世界に存在するすべてのものを体系的に説明することを目的にオントロジーの構築が試みられている．人工知能の世界では，オントロジーは「概念化の明示的な規約」と定義される．

オントロジーの著名な研究者である溝口は，情報処理の対象世界に存在するものを，ある解釈によって「概念化」した結果として得られる概念がオントロジーであり,「概念の体系的記述とその理論」であると定義している．ある解釈というのは,「対象世界を，人がどのように認識したか」,「対象世界には何が存在していると認識したのか」であり，基本概念としてオントロジーが定義される．

また，知識システムを構築する観点では，オントロジーは対象をモデル化するためのガイドラインを提供するものとして活用され，オントロジーとして定義された基本概念や概念間の関係が参照されてモデルが記述される[9,10].

b. 知識表現とオントロジー

溝口は，オントロジーと知識表現の関係を次のように述べている[9].

「オントロジーは知識表現ではなく，意味ネットワークでもないし，フレームでもない．意味ネットワークやフレームは知識表現方式や言語であり，基本的には何でも記述することができる．内容指向研究を支えるオントロジーは表現手法ではなく表現対象 (表現の内容) に興味があり，それをどのような言語で記述するかは本質的ではない．たとえば，概念階層は IS–A リンクを使って意味ネットワークのような記法で記述される．しかし，それはあくまでもオントロジーが必要とする概念間の一般と特殊との関係という本質的な関係が IS–A リンクを要求するのであって，逆ではない．同様にオントロジーにおける概念はスロットの集合で定義されるが，それは概念というものが本質的に属性の集まりとして定義されるからであって，フレームを使った表現はたまたまそれが適した表現手法であったからなのである.」

溝口が述べるように，フレームや意味ネットワークを使って書かれたものの中には，本来オントロジーと呼ぶべき内容のものとそうでない普通の知識として表現されたものとが混在する．表現されたものがオントロジーであるかどうかは表現方法には無関係であり，その表現の背後に存在する暗黙的な概念が重要である．オントロジーは，この暗黙的な概念を示すが，この概念によって知識を記述する際の視点や範囲などが明示される．したがって，オントロジーを利用することによって，知識の適用範囲を把握することができ，知識の共有や再利用が容易となる．さらに，人間と計算機の双方にとって理解可能な知識を提供することも期待される[12].

c. オントロジーの構成

オントロジーは，意味ネットワークの実体やフレーム理論のフレームと同様に，概念の集合と，概念間の関係の集合によって構成される[12]．オントロジーにおける概念は，概念がもつ属性に関する制約や他の概念との関係によって定義される．また，概念は，他の概念へ分解され，また，複数の概念の結合によって概念ができあがる．概念は，複数の概念の集合体として表現される．下記にオントロジーにおける概念と関係について整理する．IS–A と PART–OF 以外の関係の多くは，オントロジーを利用する目的に依存する関係が重視される．

- 概念の集合： 対象世界から基本概念を切り出した結果
- 概念の階層： IS–A 関係 (上位・下位関係)
- 概念間の関係： PART–OF 関係など
- 概念と関係の定義

オントロジーでは，その重要な特徴として，動詞が表す概念である「動作」や「イベント」はすべて概念であるとし,「関係」としては扱わない．また，オントロジーを合意するためには，概念を適切に分解し，概念の目的や範囲を明確にする必要がある．この際には，適切な記述の詳細度が重要であるため，概念の適度な分解が重要とされる．

(i)「概念クラス」と「意味リンク」　溝口らは，オントロジーの構成を定義している．オントロジーは「概念」を定義する辞書のようなものであり,「概念クラス」とその関係を付ける「意味リンク」から構成される.「概念クラス」は,「乗り物」,「自転車」などの概念をオントロジーとして定義するものであり，それを表現する文字列である「概念ラベル」(たとえば,「自転車」など) をもつ.「意味リンク」は，概念と概念との間のさまざまな関係を表現するリンクとして定義される．「二輪車」の概念である「二輪車は車輪をもつ」という内容を定義する場合,「二輪車」の概念と「車輪」の概念との間に「意味リンク：has_Part」が定義される．図 1.28 で示される「自転車」概念クラスの定義例では,「ペダル」概念クラスとの間に has_Part と書かれた意味リンクが結ばれている[*3]．これは「自転車がペダルを**部分** (part) としてもつ (has)」ということを意味している．換言すると『[ペダルを部分としてもつようなもの] として「自転車」概念を定義した』と理解できる．このように,「自転車」概念クラスを他の概念と意味リンクで結び付け，自転車が有する性質や特徴を表現し,「自転車とは何か」を定義する[*4]．

---

*3　意味リンクの根元 (「二輪車」) を「**定義域**」，矢印の先 (「車輪」) を「**値域**」と呼ぶ．意味リンクの矢印の先のノードである「車輪」クラスのことを (値域の)「クラス制約」と呼ぶ．

*4　「二輪車」と「車輪」の間の has_Part 意味リンクに,「二輪車は車輪を二つもつ」という個数制約を追加することも可能である．個数制約はリンクの数値で示され，has_Part:2 と表現される．

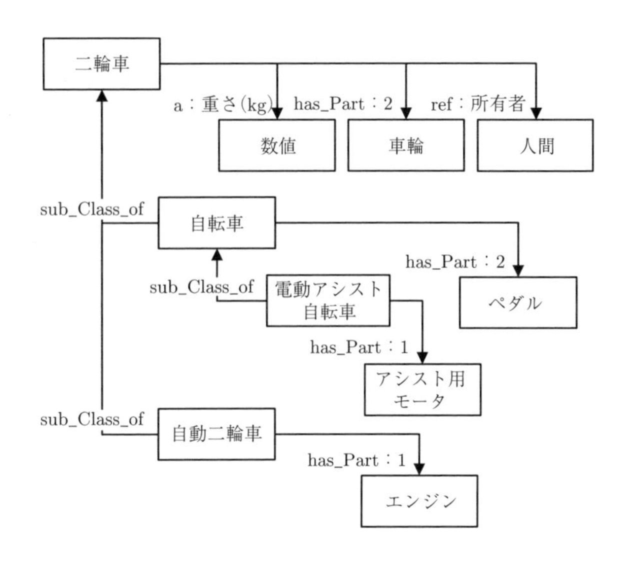

図 1.28　二輪車オントロジー
溝口理一郎，古崎晃司，來村徳信，笹島宗彦：オントロジー構築入門，p.16，オーム社 (2006) を改変.

(ii) 上位概念と下位概念との関係　「自転車」概念クラスは「二輪車」概念クラスと「ラベル：sub_Class_of」[*5]が付けられた意味リンクで結ばれている場合,「自転車は二輪車の一種である」ことを表現している．これと同時に「自動二輪車も二輪車の一種である」ことが表現された場合,［二輪車は自転車と自動二輪車に分類される］ことが定義されていると理解できる．このような概念間の分類構造は「概念分類階層」と呼ばれ,「現実世界にあるものはどのようなものに分類されるか」を表し，オントロジーの主要な構成要素である．分類された子にあたる概念を「下位 (サブ) クラス」と呼び，親にあたる概念を「上位 (スーパー) クラス」と呼ぶ.

自転車は二輪車の一種であるので，自転車は同時に二輪車でもある．つまり，自転車は固有の性質をもつと同時に二輪車がもつ性質ももっている．したがって,「自転車」はペダルだけではなく，車輪も部分としてもつ．つまり，サブクラスは

*5　英語的に "「二輪車」クラス is a subclass of「乗り物」クラス" ということから sub_Class_of と表記する．普通の英語表現では "「二輪車」is a「乗り物」" と書けることから，IS–A 関係と表記されることも多い.

スーパークラスのすべての定義内容を満たす．これを「性質の継承」と呼ぶ．

一方,「自動二輪車」は「エンジンをもつもの」として定義されている．自転車は自動二輪車と同じように「二輪車」をスーパークラスにもつが，エンジンはもたずペダルをもつ．つまり，自転車と自動二輪車はエンジンとペダルの有無で分類されている．逆にいうと,「自転車」と「自動二輪車」に共通な性質が「二輪車」クラスに書かれている．

図 1.29 のオントロジーには,「二輪車」概念クラスの他の定義内容として，重さ属性と所有者関係が書かれている.「自転車」は重さ (kg) を表す数値属性と，二輪車のもち主である「人間」との間に「所有者関係」が記述される．オントロジーにおける概念定義に用いられる意味リンクとして，sub_Class_of，has_Part，属性，関係が代表的である．このような意味リンクを用いて，概念がもつ性質を定義していく．図 1.29 には，乗り物オントロジーに基づいて，**インスタンスモデル**を記

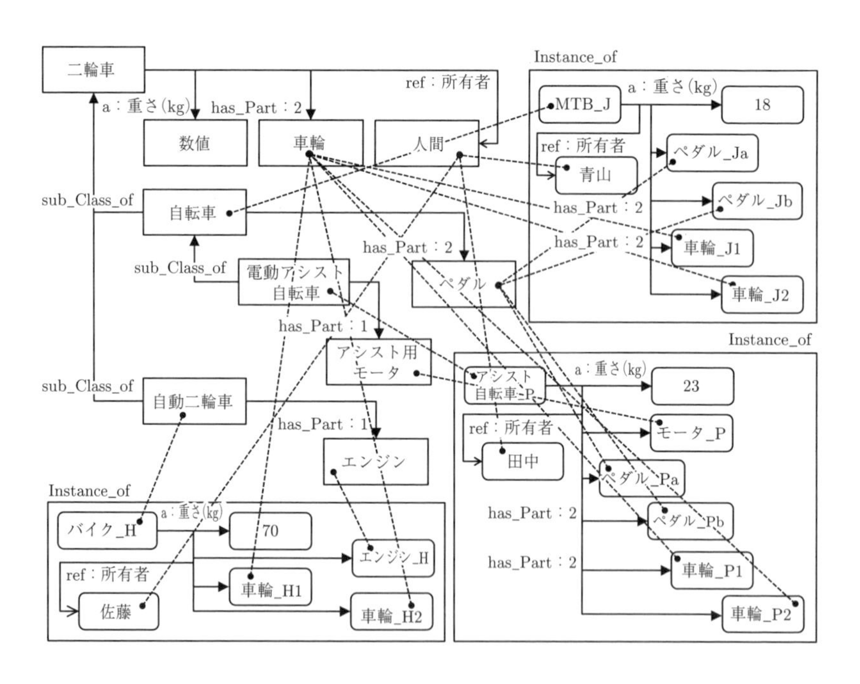

図 1.29　二輪車オントロジーとインスタンスモデルの例
溝口理一郎，古崎晃司，來村徳信，笹島宗彦：オントロジー構築入門，p.18，オーム社 (2006) を改変．

述している．

(iii) 意味リンクの代表的な種類

(1) has_Part リンク (全体一部分リンク)：概念が複数の部分概念から構成されていることを表現するリンクであり，has_Part リンクは全体から部分を指す意味リンクで，逆は一般に PART–OF と呼ばれる．has_Part リンクの根元を「全体概念」，先を「部分概念」と呼び，この関係のことを「全体—部分リンク」と呼ぶ．たとえば，自転車のインスタンスは車輪，サドル，ハンドルなどのインスタンスを部分として構成されて，全体として自転車になっている．

(2) 属性リンク：**属性**は，概念に強く付随する性質を表す．図 1.29 における「重さ」リンクは自転車の「属性」を表している.「重さ」は自転車の存在と切り離せない性質であり，また，自転車 (概念) 抜きに重さは存在できない．図 1.29 の自転車のインスタンス「自転車」は,「重さ」属性の具体的な値として,「18」をもっている．

(3) 関係リンク：図 1.30 における「所有者」リンクは，概念クラスのインスタンスが他の概念クラスのインスタンスと特定の関係をもつことを意味している．「所有者」関係は，図 1.30 (b) に示す「もの」と「人間」の間に成り立つ「所有関係」を，もの側からみた関係であるといえる (ラベルとしては「has 所有者」という意味である)．逆として「所有物」関係もある．関係リンク自体にも sub_Class_of 関係が成り立つ．sub_Class_of リンク以外の Class_of リンク，Instance_of リンク，については下記のようである．

- 分類関係： Class_of リンクとして表現される一般—特殊リンクはクラス間の関係であり，クラスが対応する集合間の部分集合関係である．

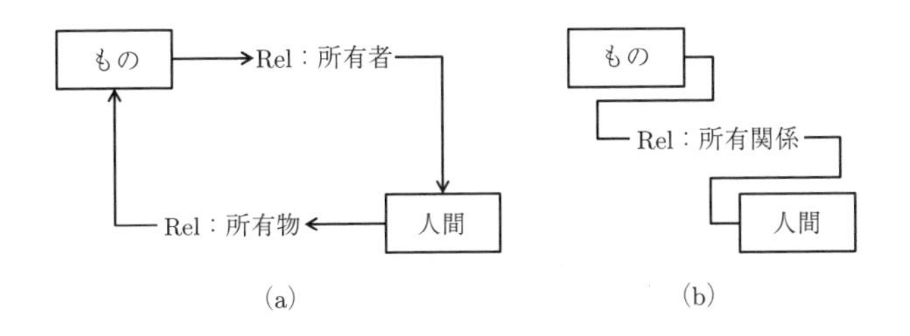

図 1.30 ものと人間の間の所有関係に関する記述

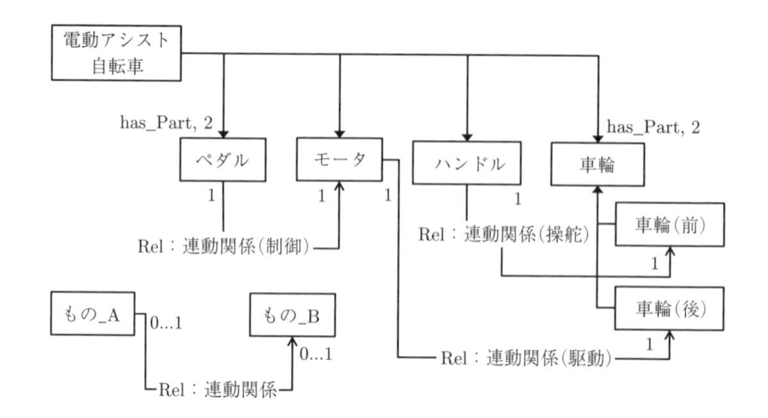

図 **1.31**　電動アシスト自転車の構成要素の間に成立する連動関係

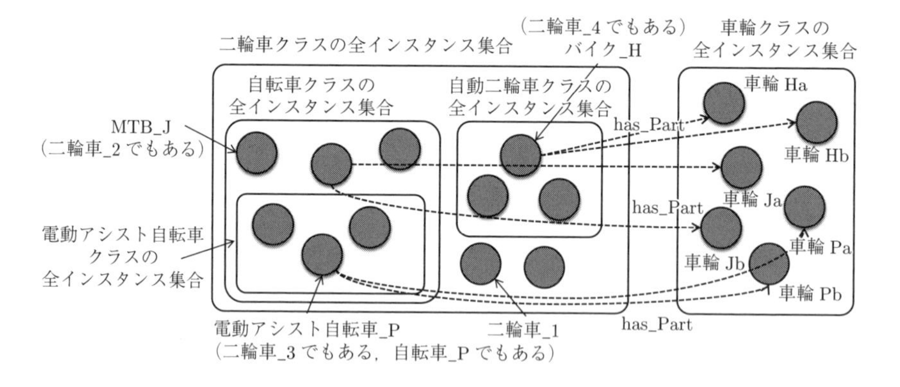

図 **1.32**　クラスのインスタンス集合の関係
溝口理一郎，古崎晃司，來村徳信，笹島宗彦：オントロジー構築入門，p.19，オーム社 (2006) を改変.

- 抽象—具体関係：　Instance_of リンクとして表現され，集合に対応する概念クラスとその要素に対応するインスタンスの間の関係である.

d.　オントロジーに類似した概念

概念を整理し，分類する考え方は一般的である．オントロジーに類似した概念であるターミノロジーとボキャブラリ，タクソノミーを紹介する.

- **terminology (用語論)**：合意によって定義された概念に対して付与すべき呼び名 (ラベル) を整理したもの．概念が存在するという前提によって定義される．
- **vocabulary (語彙)**：言語処理などの処理の対象とする用語の集合である．用語は概念を定義するために用いられるためオントロジーの考え方に近いが，その意味的な普遍性は欠ける．特に，用語間の関係については記述性が弱い．用語が存在し，その用語の意味を記述表現することが重要な課題となる．
- **taxonomy (分類学)**：用語の分類に限らず，一般的な分類全般をさす．概念の分類である IS–A や PART–OF に着目すると，オントロジーに近い概念である．taxonomy において分類される各概念の意味と概念間の関係について詳細，かつ明確に記述するものがオントロジーであると区別できる．

e.　オントロジーの種類

オントロジーは 2 種類に大別される．上位オントロジーと問題解決システムで利用されるオントロジーである．上位オントロジーは，オントロジーの階層構造において最上位にくるオントロジーの部分であり，モデル化において必要となる「現実世界の全体」を対象にして，それを説明・理解するために必要となる概念を記述するものである．また，問題解決システムのオントロジーは一般的な概念を対象とするのではなく，問題解決に必要な概念を記述するものである．

(i) 上位オントロジー　　多くの場合，上位オントロジーは「モノ」「コト」などを最上位の概念とし，できるだけ少ない概念によって，可能な限り広い現実世界を記述することが要望される．そのためには，記述される概念は一般的かつ抽象的であることが望ましい．

一般性を重視して定義される上位オントロジーは常識オントロジーと呼ばれ，また，抽象的な面を重視して定義されるオントロジーは形式オントロジーと呼ばれる．形式的という意味は，なんらかの形式論 (論理など) に基づいて記述されるという意味であり，形式オントロジーは上位オントロジーの一種となる．図 1.33 に，代表的な上位オントロジーである Sowa (ソワ) の形式オントロジーを示す[11]．

Sowa は，三つの分類軸を用いることで概念を分類定義することを提案している．それらの分類軸は存在様式，関係様式，存在状態である．最初の分類軸は，現実世界を存在様式である Physical と Abstract とに分類する軸である．Physical は，物理的な時空間に存在するものを対象とし，Abstract はそれ以外の概念的に存在す

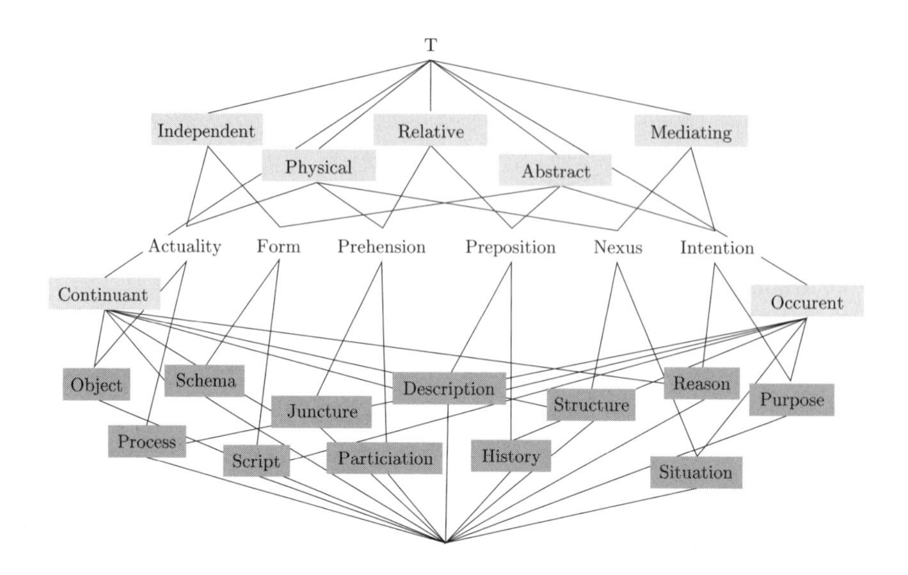

図 1.33　Sowa の上位オントロジー
J. F. Sowa: Knowledge representation: logical, philosophical and computational foundations, Brooks/Cole Publishing (2000).

るものとする．次の分類軸は関係様式に関する軸であり，Independent，Relative，Mediating となる．他の存在と無関係に独立して存在するものを Independent とし，Relative は他の存在と関係して存在するもの，Mediating はそれらの中間であり，複数の存在と関係づけるようなものである．最後の分類軸は存在状態であり，時区間における存在状態である Continuant と Occurrent の分類となる．時区間にわたって認識されるものを Continuant と区別し，Occurrent は時区間にわたって同一性を保たないものとする．これらの存在様式，関係様式，存在状態の分類軸は互いに独立であるので，その組合せを考えて，概念を分類する．存在様式と関係様式の組合せで $2 \times 3 = 6$ 種類*6の分類が定義できる．さらに，これらの分類と存在状態を組み合わせて $6 \times 2 = 12$ 種類*7の分類が定義される．

*6　図 1.33 では，Actuality, Form, Prehension, Preposition, Nexus, Intention の分類が組合せによって定義される．

*7　たとえば，Actuality は，Physical かつ Independent である分類を示し，さらに Continuant であるものを Object として分類する．この場合，Occurent であれば Process となる．同様に，Form の分類は，Abstract かつ Independent の分類の組合せで定義され，Continuant であれば Schema と分類され，Occurrent であれば Script となる．

Sowaが提案する概念の分類を学習したが，オントロジーの世界では，これ以外にも多くの種類の分類を考慮した上位オントロジーが提案されている．

(ii) 問題解決システムのオントロジー　溝口らは，図1.34に示すようなオントロジーを利用した問題解決システムを提案している．このシステムでは，問題解決のための知識処理に関係するタスクモデルと問題対象の領域知識に関するドメインモデルから構成される概念モデルが提案されている．これらのモデルに必要となる概念についてオントロジーを用いて定義するために，2種類のオントロジーが定義される[13]．それらは，タスクオントロジーとドメインオントロジーである．このオントロジーの記述により，問題解決における記号レベルの問題解決器と対象モデルの設計意図の一部分を明確に表現することができる．下記に，タスクオントロジーとドメインオントロジーの特徴を示す．

(1) タスクオントロジー：問題解決の過程自体を対象世界として構築されたオントロジーであり，知識や情報の操作や知識処理，情報処理などの動的な概念を記述する．問題解決における問題の定義や，問題解決に要求される能力，情報処理における入力情報，出力される情報を評価する基準，問題解決における情報処

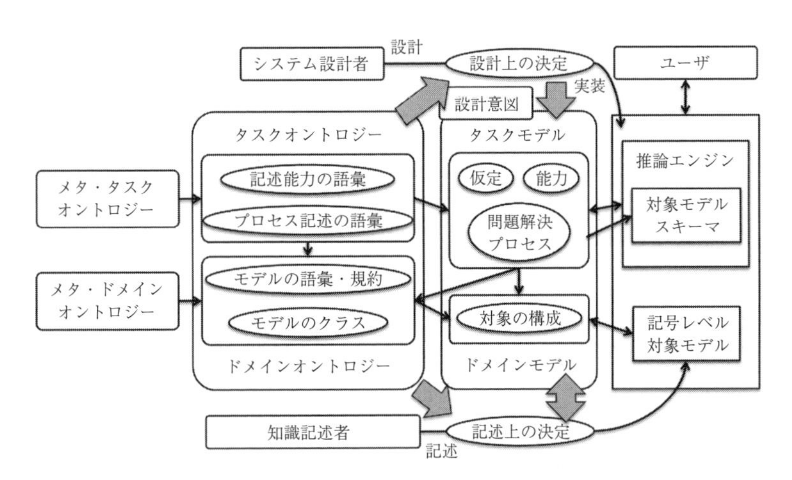

図 1.34　オントロジーに基づいた問題解決システム
來村徳信・溝口理一郎：問題解決システムにおけるオントロジー
http://www.ei.sanken.osaka-u.ac.jp/japanese/lectures/mbpsont/mbpsont.html

理の方法や手順などを表現する語彙が定義される．問題を分解してサブ問題を定義し，サブ問題の仕様とそれらの間の関係が階層的に表現されることで問題解決のプロセスが記述される．この際に，プロセスの粒度は重要であるが，適切な詳細度の表現プリミティブを用意することで，適切なレベルにおける問題解決プロセスが表現される．たとえば，故障診断の問題解決においては，徴候や故障原因といった概念を粒度の基準として用意し，故障仮説生成タスクや仮説検証タスクといったタスクオントロジーを定義する．

(2) ドメインオントロジー：問題解決の対象が関連する領域の概念を定義するオントロジーである．対象を構成する要素，その要素の関係などの概念を表現する．たとえば，製品などの構造や機能，振舞いや因果関係などといった概念を記述するオントロジーが存在する．オントロジーの定義によって，問題解決システムにおいてモデルを定義する際の仮定や規約などがガイドラインとして明示される．

(iii) その他のさまざまなオントロジー　問題解決の種類に応じてさまざまな概念が要求され，問題解決システムにおけるオントロジーが必要とされる．紹介したタスクオントロジーとドメインオントロジーを特化し，問題解決で要望される概念を記述するオントロジーの例を紹介する．

(1) 機能オントロジー：製品設計や，不具合の発生防止の問題解決において要求される概念である「機能」を表現するオントロジーである．実体のもつ役割をロールの概念で整理し，関係のライブラリーを用いて人工物のモデルを記述している．部品の接続関係を表す構造モデル，部品の振舞いを定義する振舞いモデル，振舞いを機能へと写像するときに必要となる FT (function topping)，そして機能ボキャブラリの階層 (機能オントロジーの一部) から構成される．機能概念オントロジーの構成を図 1.35 に示す．機能概念オントロジーにおけるベース機能は，4 種類 (情報機能，機構機能，物体機能，エネルギー機能) に分類される．ベース機能は，ベース機能概念の is-a 階層を表している．機能概念オントロジーの階層構造は，基盤概念層から一般概念層，一般知識層，対象依存知識層，対象固有層という層別で定義されている．下にあるほど基礎的な知識であり，上にあるほど対象・目的論的な知識であるといえる．

(2) 故障オントロジー：製品の不具合の問題解決に対応するために，來村は，機能概念オントロジーに加え，故障に関わる事象の概念化を行いオントロジーを

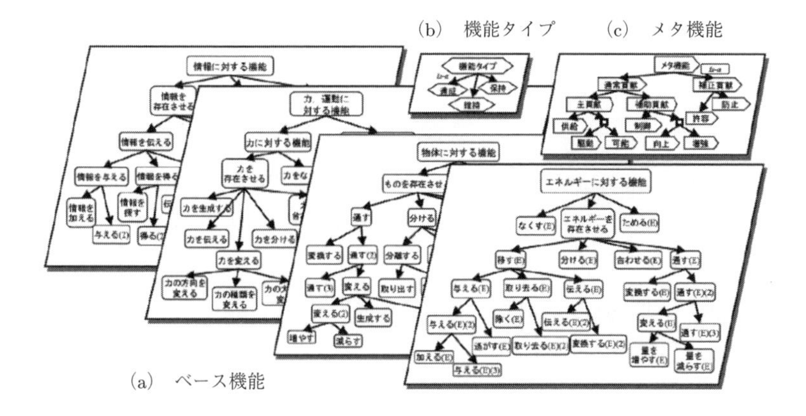

図 1.35　機能オントロジーにおける機能語彙階層
來村徳信，溝口理一郎，人工知能学会誌，Vol.17，No.1，pp.61–72 (2002).

定義している．特に故障の発生とその過程，故障診断プロセスに着目をして，故障オントロジーを構築している[14,15]．

故障という一般的で誰もが認知している概念事象は，基本レベルにおける概念化が十分にされておらず，故障過程を表現する概念を明示化した．具体的には，故障の過程を状態の物理的連鎖とし，状態遷移とその結果事象に時間とパラメータを導入して故障過程を表している．さらに，故障に対する物理的な因果と認知的な因果の関係を，時間軸の上で明示化している (図 1.36).

f.　知識モデリングに対するオントロジーの効用

オントロジーと知識モデルとの関係を正しく理解することは重要である．現実に存在するある対象物に対応するものをコンピュータ内につくると，それは現実の「モデル」となる．オントロジーはその「モデル」を構築する際に必要となる概念とそれらの概念が満たすべき制約や関係を提供する役割を担う存在である．ここで注意すべきは，オントロジーが提供する概念は，オブジェクト指向方法論でいう「クラス」に対応するものであり，モデルはその「インスタンス」となることである．図 1.37 は，自転車を題材にオントロジーとオブジェクト指向のクラス図の対応を示している．

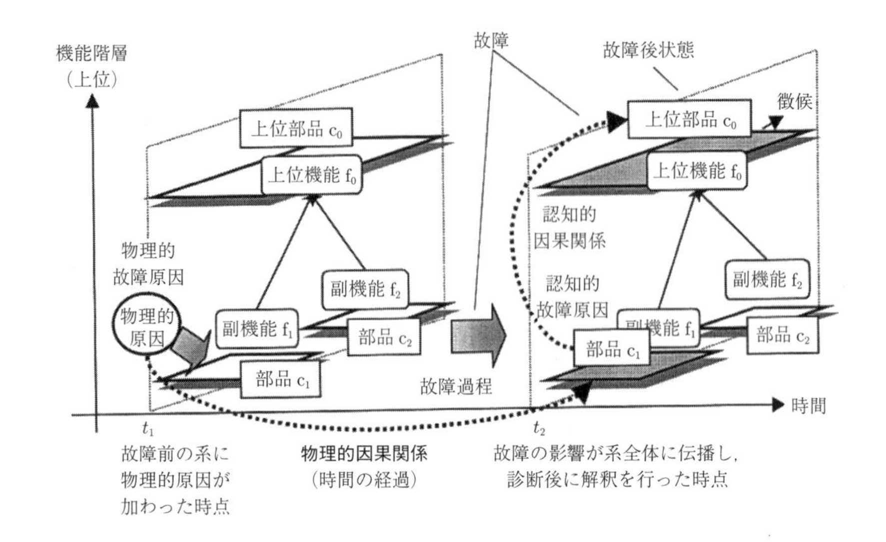

図 1.36　認知的故障原因と物理的故障原因
來村徳信, 溝口理一郎, 人工知能学会誌, Vol.14, No.5, pp.828–837 (1999).

人々が暗黙的に認識している知識を概念化によって明示したものがオントロジーであることはすでに理解した．知識を明示化することによって知識が共通化され，知識に関する合意形成が効率的に行われ，知識の標準化が進められる．知識の利用を効率的にするために，標準化された知識は分解され，抽象度に応じた階層構造によって整理される．この整理を進めることによって知識の体系化が進められることになり，オントロジーが再編成される．体系化された新しい知識は，新しい概念を構築するうえで必要となる基本概念と概念化のガイドラインを提供するベースとなることが期待される．

1.3　機能と挙動の知識表現

前節では，実世界を構成する要素に関連する知識の記述を理解するために，構成要素の構成的な意味や関係を理解し，構造的視点を中心とした知識の記述表現について学習した．しかしながら，実世界は多種多様な要素が相互影響を及ぼし合い，非常に複雑な構成となっている．したがって，この実世界に関連する知識を

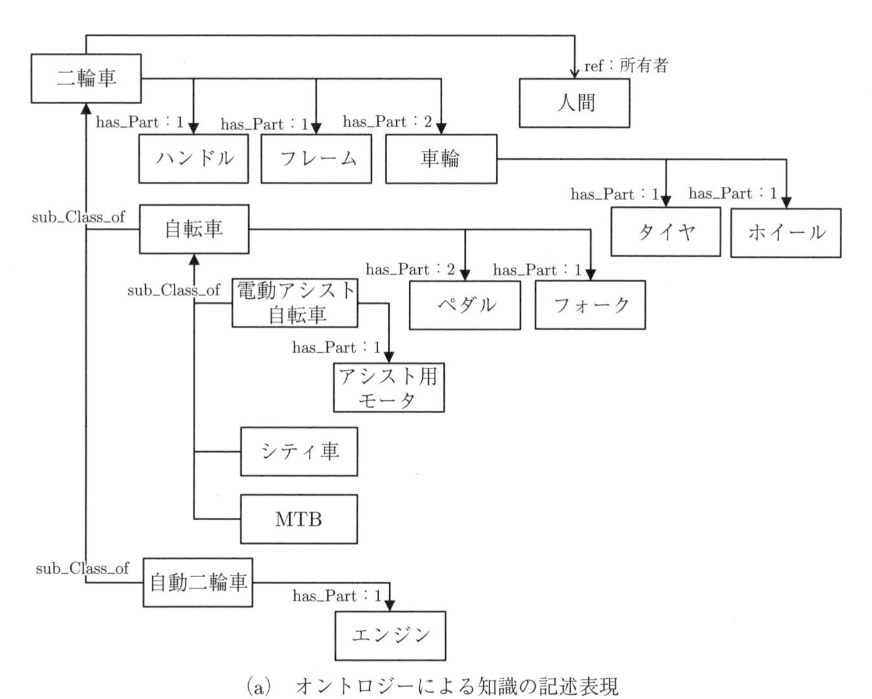

(a)　オントロジーによる知識の記述表現

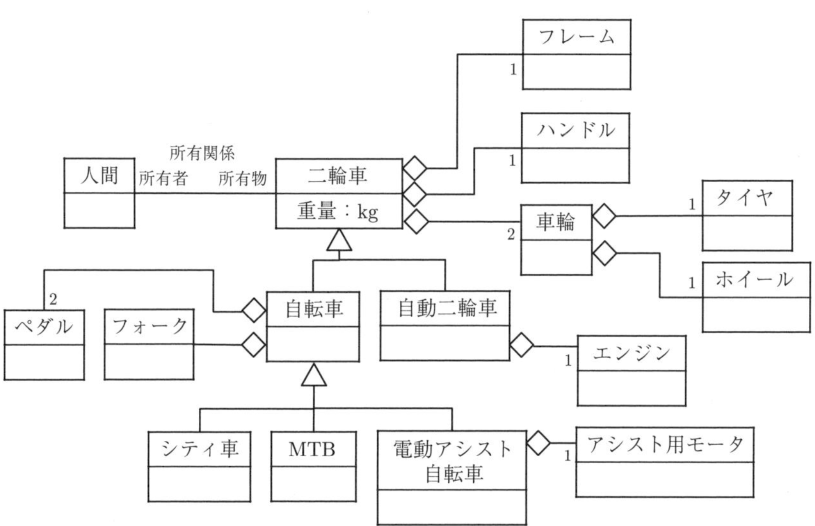

(b)　オブジェクト指向のクラス図の記述表現

図 1.37　オントロジーとオブジェクトの対応

表現することを考えた場合，その複雑な知識を一つのモデルだけで記述することは困難であることが容易に想像でき，多様な表現方法の必要性が理解できる．本節では，実世界の構成要素となる「モノ」や「コト」を機能や挙動の視点から捉え，それらの記述表現について学習し，その知識の特徴を理解することを目的とする．

- **構造**の視点：　システムの構成要素の構造と各要素間の関係
- **機能**の視点：　システムの構成要素が有する機能と，その入出力
- **挙動**の視点：　各機能の実行順序とそのタイミング

本節では，多くの分野で，その記述と利用が期待される因果関係に関する知識について理解を深めることを目的に，因果ネットワーク，定性推論，ペトリネットなどを，機能と挙動の視点からの知識の記述表現として学習する．

1.3.1　機能とプロセスに関する知識表現

実世界に存在する「モノ」や「コト」の働きを機能として捉え，機能についての知識表現を理解する．一般的には，機能という言葉がもつ概念的な意味は曖昧であり，さまざまな解釈，使われ方が存在する．本書では,「モノ」や「コト」の中で担っている固有の役割や作用を機能として捉える．そのために,「モノ」や「コト」を構成する要素の相互作用に着目し，要素間の相互作用によって発現される「モノ」の挙動や,「コト」としての振舞いを機能として捉え，まずはその記述表現について理解する．

機能自体が抽象的であり，その記述表現に関してはさまざまな議論が存在するが,「名詞 + 動詞」によって機能を表現する方法が存在する．つまり,「モノ」や「コト」の挙動や振舞いが動詞によって表現される．この記述表現は，システム設計や製品設計などの分野におけるシステムや製品の機能設計などで議論され，使用される一般的な表現である．そこで，機能の形式的な表現方法を理解するために，システム工学などにおける機能の表現モデルを参照する．

a.　機能表現とデータフロー図

機能を表現するうえでは，対象の動的側面を捉える観点が存在する．その観点での形式的な表現方法として**データフロー図** (data flow diagram：**DFD**) がある

(図 1.38). DFD は，機能によって実現されるプロセスに着目した表現方法であり，変換，アクティビティ，行為，タスクなどで表現されるプロセスを記述表現するモデルとして定評がある．DFD でのプロセスは，次の要素のつながりによって表現され，モノやデータの流れが表現されるネットワークで記述される．

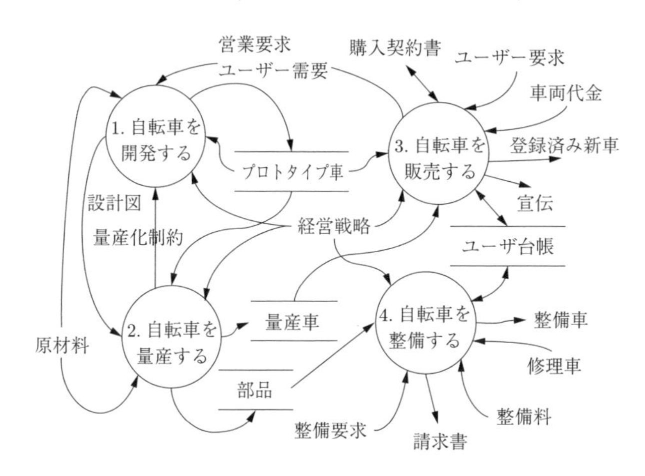

図 1.38　データフローダイアグラム

- プロセス：　入力から出力への変換を意味する．図中では，円形のノードで表現される．
- ストア：　モノ，データの集積を意味する．図中では，二重線で表現されるノードで表現される．
- フロー：　プロセスにおけるモノ，データの移動を意味する．図中では，方向付きリンクで表現される．
- 外的エンティティ：　システムの外部を意味する．図中には示されていないが，多くの場合，矩形のノードで表現される．

DFD では，入力と出力との関係をプロセスとして捉えることによって，モノやデータの流れを表現する．この流れの表現を活用して，入力と出力の因果関係を表現することが考えられる．しかしながら，DFD のプロセスでは，入力から出力への変換を表現することが主目的であるため，因果関係における条件などの表現については工夫を要する．

b. IDEF0 (機能モデリングのための統合化定義) による機能表現

主にソフトウェア工学やシステム工学の分野において，システムの機能を記述表現するモデルとして，IDEF0が存在する．IDEF0は，ISOのソフトウェア工学の分野で規定されるモデリング言語である**IDEF** (integration definition language)*8において，機能をモデリングするための記述モデルである．情報システムやソフトウェア工学の分析，開発をはじめ，事業プロセスや，リエンジニアリングなどで利用されるモデリング手法として定評がある．

IDEF0は，**構造化分析設計法** (structured analysis and design technique：**SADT**) の図的表記法を基盤としている．SADTは，ソフトウェア工学方法論において中心的に使用されてきた表記モデルであり，機能の階層構造も考慮し，システムの機能を記述することに定評がある．ボックスで表現された機能，および機能を連結する種々の矢印を記述要素とし，これらの矢印に意味をもたせながら機能が記述される．

SADTの記述方法を継承したIDEF0による機能の記述に関する特徴を理解する．IDEF0は，入力を出力に変換する内容が機能であると定義し，入力と出力の記述によって機能を表現する．さらに，その機能 (図1.39 (a) のボックス) を複数，連結することによって機能プロセスを記述表現する (図1.39 (b))．機能は，詳細化の要求に応じてサブ機能に分割され，階層構造が形成される (図1.39 (c))．

機能に関与する「モノ」を，ICOMと呼ばれるアークで表す．ICOMは，機能に対する入力 (Input)，コントロール (Control)，出力 (Output)，メカニズム (Mechanism) の各頭文字をとったものであり，機能のボックスに接続する辺の位置によって区別する．機能は，メカニズム (下辺) を用いてコントロール (上辺) の指示のもとに入力 (左辺) を出力 (右辺) に変換する．ICOMとして考えられるのはデータや情報ばかりではなく，プロセスで記述しなければならないすべての「モノ」，たとえば計画，ドキュメント，組織，人，図面，予測，見積り，シール，原材料，製品などが含まれる．

以上のように，IDEF0は機能の直接的な記述ではなく，機能に対する入出力を

---

*8　IDEFとは，業務分析，業務見直し，およびシステム設計のために用いられる，ダイヤグラム表現によるモデリング手法である．IDEFは一つの手法ではなく，IDEFファミリと呼ばれる一連の手法群を指す．IDEFの歴史は古く，一般にIDEF0として知られるSADTが開発されたのは1970年代である．当時，ソフトウェア工学の分野を中心に，システムの設計や仕様記述手法としてのIDEF0/SADTが主に議論された．

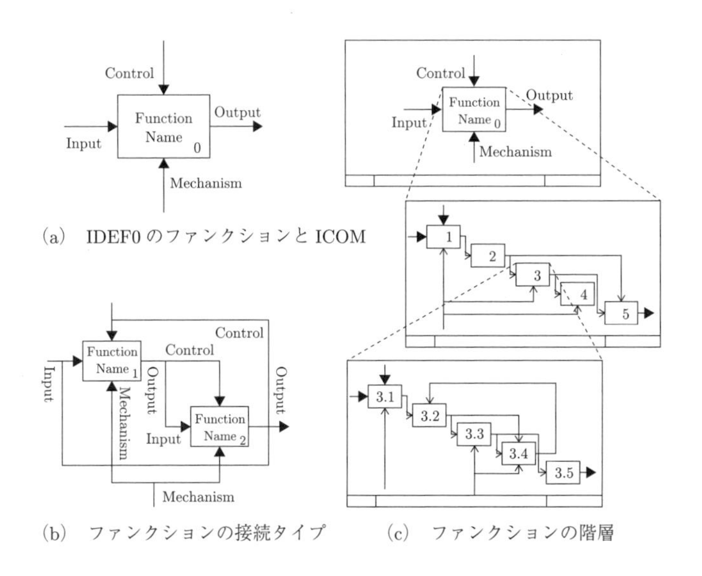

(a) IDEF0 のファンクションと ICOM

(b) ファンクションの接続タイプ

(c) ファンクションの階層

図 1.39 IDEF0 における機能表現

表現する ICOM の記述が中心となって表現される間接的な表現である．これは，機能に対して入力，出力となる「モノ」のほうが機能に比べて具体的であり，比較的容易にリストアップできることで機能を間接的に定義できるという理由による．しかしながら，このような間接的な機能の定義には，課題も存在する．たとえば，図 1.40 (a) の例で示されるように，乗車券を発券するという機能について考える．図が表現する機能は，乗車可能な列車の候補は多くあり，時刻表を参照しながら列車を選択し，金品を払い，切符を購入する内容の機能となる．ここで，この機能に対する ICOM として異なる二つの動作主体 (券売機と切符購入者) を定義することができる．たとえば，切符の券売機と切符購入者のどちらの視点を想定するかによってまったく異なるモデルとして表現できてしまう．図 1.40 (b) は，切符購入者の視点からのモデルであり，図 1.40 (c) は券売機の視点で記述したモデルである．

また，入力とコントロールの区別が問題になることも多い．機能に対して指定される入力が曖昧な場合，機能が個々の入力を直接的に変換するか否かを判断することが難しい状況が発生する．たとえば，図 1.40 では「列車」を入力ではなくコントロールとして捉える記述案もある．その場合では，単なる「列車」ではな

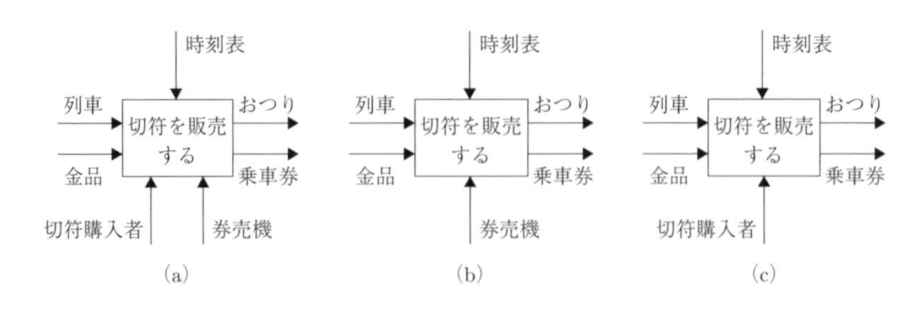

図 1.40　視点の相違による機能表現の相違

く「乗車したい列車」などの具体的な記述内容としてコントロールにするなどの工夫が必要である．

1.3.2　因果関係の知識記述

前項では，表現対象が有する機能に着目し，入力，出力の関係によって機能記述し，その機能の連結による機能プロセスの表現方法を理解した．このような機能は対象の特徴，性質であるので記述しやすいが，機能として認識されない関係も存在する．たとえば，原因と結果という一般的な因果関係である．実世界では，さまざまな因果関係が存在し，それらの因果関係の組合せによって複雑な「モノ」「コト」が構成される．したがって，知識の記述表現を深く理解するために，機能という限られた観点だけではなく，製品の挙動に深く関連する因果関係について，さまざまな表現方法を理解しながら，その特徴と重要性を理解する．

a.　品質管理と問題点と原因の因果構造：連関図

製品やサービスがもつべき性能，性質などを，顧客などが要求する一定の水準に保つために生産者，提供者が行う一連の管理活動として，品質管理がある．この品質管理の新 QC 七つ道具[*9]の一つに連関図法がある．図 1.41 に示すように，連関図法では，解決すべき問題に影響すると思われる複数の原因が複雑に絡み合っ

*9　**QC** (quality control：クオリティコントロール) は，製品の品質管理を対象にした問題の解決を図っていく活動.「新 QC 七つ道具」は，QC の適用範囲を拡張し，営業や企画，設計などの品質改善や新製品開発などで利用できる「道具 (ツール)」である．親和図法，連関図法，系統図法，マトリックス図，マトリックス・データ解析法，アローダイヤグラム法，PDPC 法の七つがある．

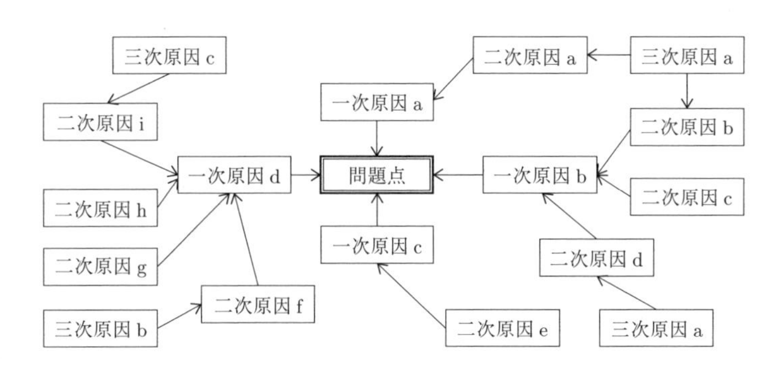

図 1.41　品質管理における連関図

ている構造が，ノード (節点) とリンクからなるグラフによって表現される．

連関図では，因果関係あるいは時間的な順序関係が**有向グラフ**によって表現される．問題点と原因をそれぞれ「○○ が □□ である」という主語と述語で表現することが定められており，問題点や原因がノード (節点) に対応し，その間の関係がリンク (矢線) で示される．原因は 1 次原因，2 次原因，3 次原因といったように段階が区別され，問題点に関連づけて記述される．ところで，この連関図において，1 次原因は問題点に直接つながる矢線をもつが，2 次原因は 1 次原因に向かう矢線をもつものの，問題点へ直接つながる矢線はない．これは,「2 次原因は，問題点に対する原因であるが直接的な原因ではなく，間接的な原因である」ことを表現している．連関図が記述表現した原因と結果の関係は，一般的には因果関係と呼ばれ，有向グラフは因果関係ネットワーク/因果ネットワークと呼ばれる．この因果関係に関する知識の記述は多くの分野で望まれており，さまざまな記述表現が提案されている．

b.　因果関係ダイアグラム/ベイジアンネットワーク

因果関係を表現するモデルとして**因果関係ダイアグラム**が存在する．このダイアグラムは，条件付き確率で表された個々の変数間の関係を**有向非巡回グラフ** (directed acyclic graph：**DAG**) によって表現し，複雑な因果関係の推論を表現する確率推論の**ベイジアン** (Bayesian) **ネットワーク**のモデルとして有名である．このダイアグラムは，コンピュータ科学者である Pearl (パール) が 1995 年に発表したコンセプトである．ベイジアンネットワークのリンクから矢印をなくしたものがMarkovネットワークであり，ベイジアンネットワークとMarkovネットワークなどで表現される変数間の条件付き独立関係をノードとエッジに対応させて表現する数理モデルは**グラフィカルモデル**と呼ばれる．

一般的には，DAGは任意の変数の順序に従った関係を扱うものであり，因果的な順序や時間的な順序を想定するものではない．しかしながら，ベイジアンネットワークにおいては，図1.42(a)で示すように確率的な生起関係を有向グラフによるネットワークとして表現し，確率推論を実行することによって，複雑でかつ

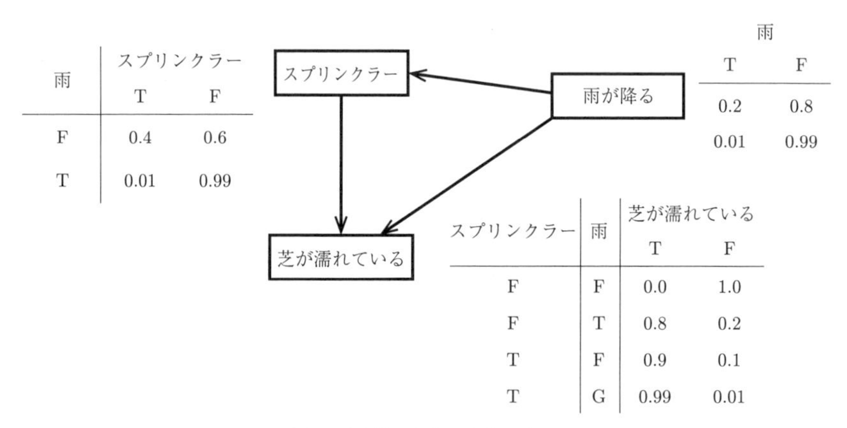

雨	スプリンクラー	
	T	F
F	0.4	0.6
T	0.01	0.99

雨	
T	F
0.2	0.8
0.01	0.99

スプリンクラー	雨	芝が濡れている	
		T	F
F	F	0.0	1.0
F	T	0.8	0.2
T	F	0.9	0.1
T	G	0.99	0.01

(a)　ベイジアンネットワーク

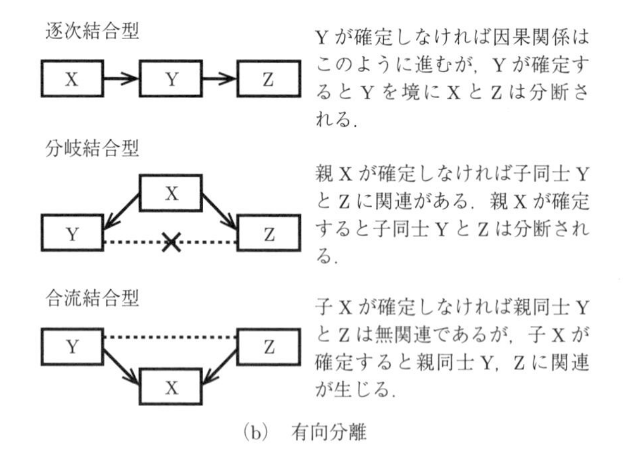

(b)　有向分離

図 1.42　因果関係ダイアグラムと有向分離

不確実な事象の起こりやすさやその可能性を予測することを可能とした．この確率推論を実行するためには，起こり得る確率が必要であるが，これまで蓄積されたデータをもとに，それぞれの場合について求めることになる．発生確率が求まれば，DAG で表現される経路に従って計算することで，複雑な経路を伴った因果関係の発生確率を定量的に表すことが可能となる．

ベイジアンネットワークの最も重要な特徴は，確率推論を実行することではなく，表現される DAG によって実世界の因果関係の存在を認識することにある．われわれの認識に基づいて現実の要素間の関係を確率関係として扱い，DAG として表現する．作成された DAG で確率推論を実行することによって定常性が確認され，客観的な関係である因果関係として認識される．

DAG で記述されるリンクそのものではなく，リンクが存在していない部分，つまり，関係がないこと (独立) を明示できることが重要となる．さらに，有向分離 (d 分離) という処理によって，各事象間の関係を簡単に整理することができ，因果関係としての定常を認識することが可能となる (図 1.42 (b))．

c.　不具合情報の管理と因果関係の記述：SSM (stress-strength model)

システムや製品，製造工程の設計・計画業務において，過去の不具合事例や，**FTA** (fault tree analysis) 図，**FMEA** (failure mode and effect analysis) 表などで記述された不具合情報を有効活用することができず，品質や安全に関するトラブルが再発してしまうという問題が発生する．この問題を解決するために，不具合情報データベースを構築することによって不具合情報を活用する試みが存在する．しかしながら，次に挙げるさまざまな理由によって，再発防止チェックリストや FMEA，FTA に不具合情報を有効に再利用できていないという課題がある．

- 記述の不完全性：　不具合情報の記述が不完全であり，実際の設計，計画で使用できるレベルの情報として残されていない．
- 再利用の困難性：　不具合情報が特定の情報として整理されているため，他のケースに再利用することが困難である．
- 検索の困難性：　不具合情報が分散して記述されており，その量も多いため，必要とされる情報の検索が煩雑となる．

一般的に，不具合発生における因果関係の把握は，システムや製品の品質や安全を検討するうえで重要な役割を担う．田村らは，対象に依存しない不具合発生

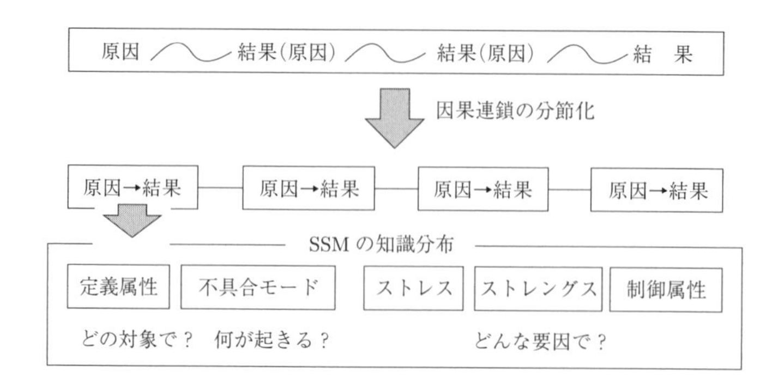

図 1.43　SSM 理論における因果メカニズム単位
田村泰彦：トラブル未然防止のための知識の構造化—SSM による設計・計画の質を高める知識マネジメント (JSQC 選書)，p.74，日本品質管理学会 (2008) を改変.

に関わる基本的な原理が十分知識化し活用されていないという理由により，不具合知識の活用ができていないと分析し，不具合事象の根本に存在する因果メカニズムを定義している．現実に発生している不具合に関して，特に「不具合の多くは簡単な既知の原理に基づいている」,「一般的に同じ原理の不具合がいくつかの部品に対して横断的に発生している」という特色に着目し，製品設計における不具合知識の要素を記述可能な理論として，SSM を提案している[16].

図 1.43 に示すように，SSM 理論においては,「因果連鎖 (知識) の分節化」,「分節化された知識分節 (因果メカニズムの単位) の記述」,「知識分節の接続/連結」が特徴である．下記にそれらの概念を簡潔に示す.

(i) 因果連鎖 (知識) の分節化　SSM では，因果連鎖として表現される知識を分解し，分節として抽出する．これを，知識の分節化と呼ぶ.「風が吹けば桶屋が儲かる」という諺を例に知識の分節化を理解する.「風が吹けば桶屋が儲かる」は因果関係「風が吹く → 桶屋が儲かる」を表現している．この因果関係は分節化によって，下記のような複数の因果関係に分解することができ，それらの連結で因果連鎖が表現される.

「風が吹く → 砂埃が舞う → 盲人が増える → 三味線の需要が高まる → 材料のネコの皮が大量に必要になる → ネコが減る → ネズミが増える → 齧られる桶の量が増える → 桶の修理，購入が増える → 桶屋が儲かる」

(ii) 分節化された知識の記述　知識の分節化によって定義されるSSMの知識分節は，原因–結果の知識を，定義属性，不具合モード，ストレス，ストレングス，制御属性によって記述定義する．この記述は因果メカニズムの単位となる．不具合モードには，対象に発生する望ましくない現象や状態，特性の変化を記述し，その不具合モードの発生メカニズムを適用する対象の範囲を定義する属性が定義属性として記述される．この定義属性に与えられる条件，入力がストレスとして定義され，不具合モードを発生しないようにストレングスを確保するために制御属性が設定される．この記述において,「定義属性によって定まるストレス」が「制御属性によって定まるストレングス」を超えたとき「不具合モード」が発生すると表現するモデルである．つまり，原因 → 結果の因果において，原因とは，大きいストレス，もしくは小さいストレングスであり，結果とは不具合モードの発生を意味する．この記述を原因 → 結果の因果の最小構成単位 (因果メカニズムと呼ぶ) とし，因果連鎖をこの因果メカニズムの接続によって表現する．

(iii) 分節化された知識の接続，連結　設計の不具合は，因果メカニズムの原因 → 結果を接続することによって表現できるとし，その接続の様式を設定している．この因果メカニズム単位の接続様式には，形態維持と形態置換の 2 種類が存在する．

(1)　形態維持：不具合モードの形態が次の因果関係における原因を直接表している場合，この形態維持の形式により因果メカニズムは接続される．たとえば，金属部品の “靭性低下” という不具合モードは，次に “疲労破壊” が発生するというメカニズムにおける制御属性の水準変動そのものを直接意味している．すなわち，靭性低下という形態のまま疲労破壊の因果メカニズム単位に接続し，疲労破壊の原因として捉えることができる．

(2)　形態置換：形態置換は，不具合モードの形態を，次の因果関係が論理的に理解可能になるように異なる視点から別の現象や状態に解釈し直し，次の因果メカニズム単位に接続することである．たとえば，金属部品の “錆び” という不具合モードによって，“スティックスリップ[*10]” が発生する，という因果連鎖を構成するためには，“錆び” は “スティックスリップ” の発生を直接決定づける因果メカニズムの要因とはなり得ない．そのため，“錆び” を “表面粗度増大” へと形態置換することによって接続が可能になる，という考え方である (図 1.44)．形態置換の

*10　摩擦面間に生ずる微視的な摩擦面の付着，滑りの繰返しによって引き起こされる自励振動．

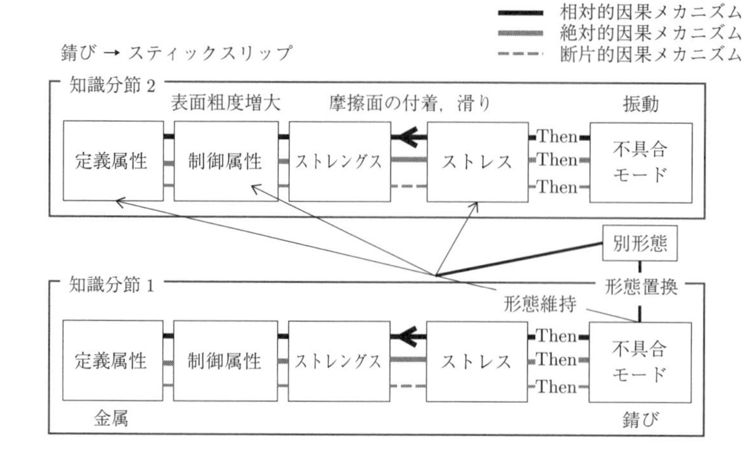

図 1.44　SSM 理論における因果連鎖の表現
田村泰彦：トラブル未然防止のための知識の構造化—SSM による設計・計画の質を高める知識マネジメント (JSQC 選書)，p.87，日本品質管理学会 (2008).

具体例として，たとえば以下のような例を示す.

1) 定義属性の付加
　・ピンホール → 切り欠き形状 (→ 衝撃破壊)
　・カシメ残り大 → 表面突起形状 (→ 引っかかり)

2) 制御属性の水準変動
　・錆び → 面粗度大 (→ 固着)
　・内径削れ → 圧入代小 (→ 圧入軸がずれる)

3) ストレスの付加/水準変動
　・スティックスリップ → 振動 (→ 疲労破壊)
　・膨張 → 摺動接触力大 (→ 食いつき)
　・脱脂洗浄不良 → 表面に微量油残存 (→ 腐食)

このような SSM の接続の考え方は，基本的にはプロダクションルールに基づくものであり，その有用性は人工知能の分野で古くから示されてきた．しかし，たとえば，“錆び” という不具合モードがもたらす事象は “表面粒度増大” だけではない．色の変化や導電率の変化，あるいは製品によっては “表面粒度低下” をもたらすことも起こり得る．逆に “錆び” という不具合モードから類推される事象として多くの候補が挙がったときに，製品の設計者が必要な情報を獲得するためには，製品という視点や製造工程という視点からこれら情報を評価できなければならない．設計者に理解できない，つまり必要な工程や製品の情報を獲得できない場合には，理解できず利用されないことになるという問題が存在する．

SSMモデルを利用した，製造工程における不具合情報の知識表現の例を図1.45に紹介する．工程設計における知識構造として，不具合発生メカニズムを適用する場を定義する属性・特性である「要素作業場属性」を定義属性として取り扱うことによって，不具合情報を表現する．この中で，要素作業において目的と実現手段の関係が存在すること，要素作業にはさらに詳細化できるものが存在することを指摘している．

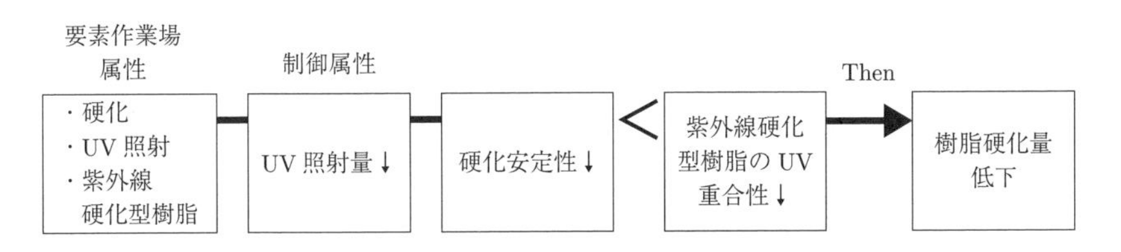

図1.45　工程設計における知識構造
飯塚・今井ほか：構造化知識に基づく設計開発におけるナレッジマネジメントの実践，日本規格協会委託研究報告書，6.1-26，日本規格協会，2003.3.

SSMの因果メカニズム単位の表現手法は，非常に汎用性および再利用性が高い構造をもっているが，その知識を利用する製品の設計者の理解を助けるためには，それが必要な製品や製造工程の情報とともに適切に供給される必要がある．つまり，機能や不具合を表現可能な製品や製造工程を構成する要素を明確にし，このような不具合の発生を決定づける知識表現と適切に組み合わせることが可能になったとき，さらに有効な推論や不具合伝播の獲得が可能になることが期待される．

d.　失敗まんだら

不具合発生の問題が重要であるがゆえに，SSM理論以外にも不具合知識の記述モデルはさまざま提案されている．畑村らは，失敗事例を知識化するための情報モデルの構造を提案している[17]．知識化は，まず失敗事例の記述を行い，記録することで知識となり，意思疎通が可能になる．図1.46に示す「背景事象によって

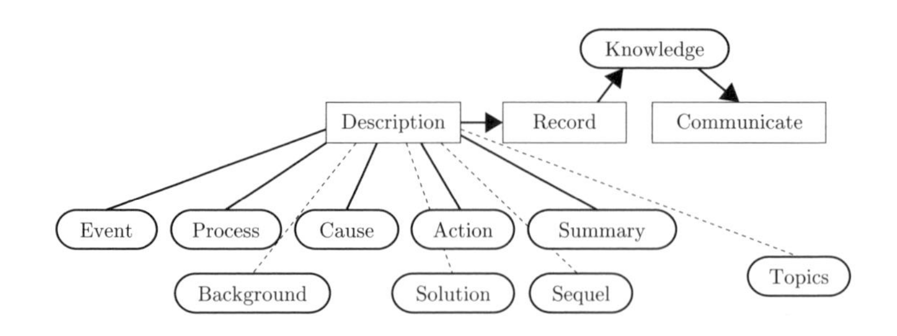

図 1.46　失敗を記述するフィールド
Iino, K., Hatamura, Y., Shimomura, Y.: Proceedings of the ASME Design Engineerign Technical Conference, DETC2003/DAC-48789 (2003).

発生するプロセスが，原因とアクションを引き起こし，対策案やトピックス，後日談も含めて総括したもの」という一連の関連によって失敗事例が記述される．

この失敗事例の記述から図 1.47 に示す「失敗まんだら」と呼ばれる失敗知識の記述モデルを提案している．このモデルでは，失敗の発生を「原因 → 行動 → 結果」というつながりによって表現している．このつながりを，脈絡，シナリオと呼ぶ．たとえば，次のような事例を挙げることができる．

“注意力不足” → “スイッチの切り忘れ” → “火事”
“わき見” → “ハンドルの操作ミス” → “塀への激突”

畑村らは，この 2 点の事例は，同じ型のシナリオであると指摘している．原因として不注意があり，行動として，「本来すべきことをしない/間違ったことをした」が存在し，その結果として失敗が発生する，という型が存在する．このような「原因 → 行動 → 結果」を表現する要素は，上位概念に対する下位概念などといった階層性をもっている．原因を構成する上位層の要素を並べ，下位の要素をその下に並べ，要素間の関連を分枝で表現する．要素の階層性を分岐図で表したものが胞子図であり，「原因 → 行動 → 結果」の胞子図の接続によって全要素とその階層性を示すことが可能になる．

図 1.48 に原因の胞子図の例を示す．この胞子図は，失敗の原因と考えられる要素を抽出し，その要素を分析し階層構造をつくり上げ，全要素の階層構造を放射的に並べることによって作成される．胞子のならびに同心円状の円環を考え，領域を整理することによってまんだらを作成している．図は畑村らが作成した原

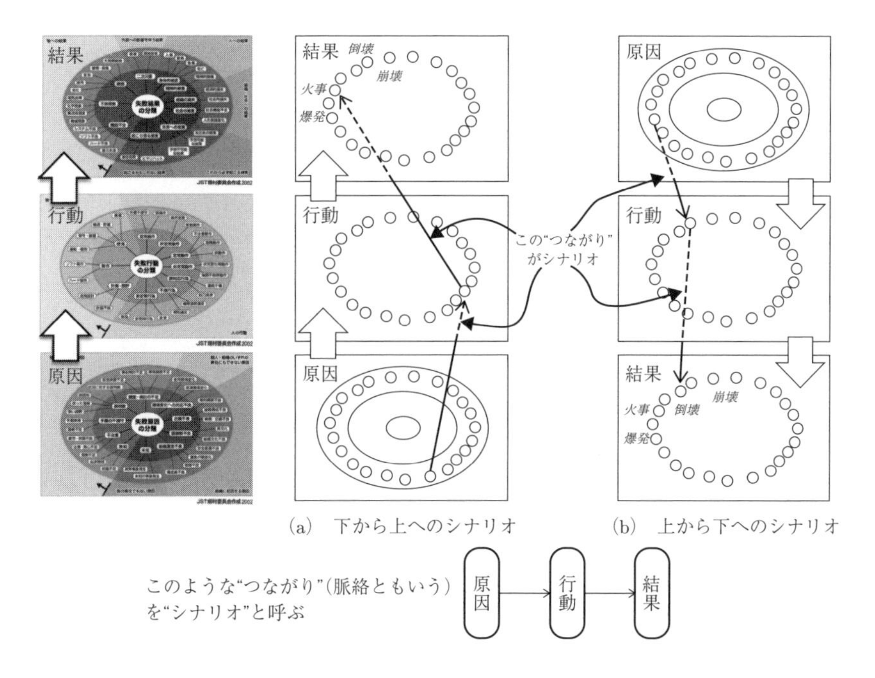

図 1.47　失敗出来の立体表現
畑村洋太郎：失敗知識データベースの構造と表現
http://www.sozogaku.com/fkd/inf/mandara.html

因まんだらであり，第 1 レベル，第 2 レベルの 2 階層で構成され，機械・材料・化学・建設などの 4 分野のいずれにも共通して当てはまるキーフレーズが並んでいる．原因まんだらの第 1 レベルのキーフレーズは 10 個あり，原因の種類に応じて次のように整理される．個人起因する原因 { 無知，不注意，手順の不遵守，ご判断，調査・検討の不足 }，個人・組織のいずれの責任にもできない原因 { 環境変化への対応不足 }，組織に起因する原因 { 企画不良，価値観不良，組織運営不良 }，誰の責任でもない原因 { 未知 }．このキーフレーズの下層である第 2 レベルのフレーズは 27 個ある．この原因のまんだらと同様に，行動のまんだら，結果のまんだらが存在する．

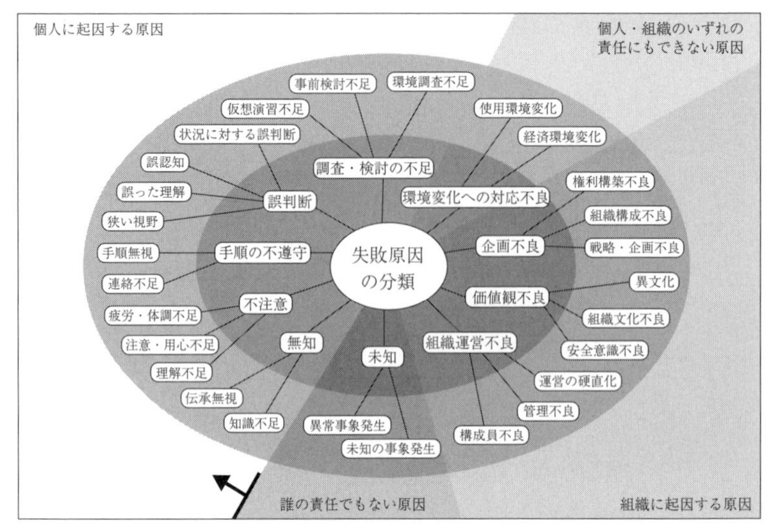

図 1.48　胞子図と原因まんだら
畑村洋太郎：失敗知識データベースの構造と表現
http://www.sozogaku.com/fkd/inf/mandara.html

1.3.3　因果関係と定性推論

実社会のさまざまな現象を理解したり，複雑な問題を解決したりするときの認知状態を考えると，認知される現象を可能な限り粗く理解し，俯瞰的に全体像を把握しようとする定性的な思考が存在し，重要な役割を担う．現象のどの側面に注目すればよいか，それをどのようにモデル化したらよいか，得られる現象をどう解釈すればよいかなどの定性的な思考は，得られる結果の質に直接的な影響を及ぼす．このような定性的な思考に関する研究として定性推論の研究が存在する．

本項では，西田が提案する定性推論のモデルを引用し，定性推論と因果関係に関する知識の記述について理解を深める[18]．

a.　定性推論とは

定量的な情報を計算機で扱うことは容易であるが，知識のうち定量的な部分だけが扱われても，それらは相互の関係はなく，ばらばらに存在するだけとなってしまう懸念がある．このようななかで，定性的な思考を表現する方法を開発し，ばらばらに存在する定量的な知識を相互に関連づけ，広い範囲の知識を体系化することが期待される．定性推論で議論されているように，次に示す構造，挙動，機能の三つの視点から，対象に関する定性的な知識の表現を考えてみることにする．

構造：どのような構成要素が，どのように結合されているか

挙動：時間の経過とともに，対象の特徴量がどのように変化するか

機能：挙動によって，目的がどのように達成されるか

たとえば，自転車の構造に関するモデルでは，自転車のどのような部品が，どのように結合されてできているかという情報が記述される．また，挙動に関するモデルでは，自転車の各部品を操作すると自転車がどのような挙動をするかといった情報が記述される．機能に関するモデルでは，自転車が動くという機能は，自転車の各部品の機能がどのように協調することによって実現するのかといった機能の全体―部分関係が記述される．

以上のような情報の記述の背景には，システムを構成する要素の構造，挙動，機能を論理的に合成し，複雑なシステムの構造，挙動，機能を表現するという基本的な考え方が存在する．この考えは，システムダイナミックスの影響を受けていると捉えることができる．

本項では，まず定性的なモデリングにおける基本的な考え方を示し，定性推論で議論されている因果モデルに着目し，因果関係の知識記述について理解を深め，因果ネットワークを理解する．

b.　定性推論における因果関係の記述表現

因果的な理解は，人間の認知構造を議論するうえで重要な要素となる．複雑な現象を理解するとき，現象に関係するどのイベントが原因であり，どのイベントが結果になっているかという**因果関係**を明らかにすることによって，現象の理解を大いに促進させることができる．この因果関係を図式的に記述表現する因果ネットワークは人間が現象を因果的に理解したことを記述するための枠組みの一つとなる．現象に含まれるイベントの因果構造は，イベントを表すノードとイベント間の関係を表すリンクから成るネットワークとして表現される．

(i)　バイメタル式サーモスタットの例　対象物の温度を一定に保つための装置としてサーモスタットがある．サーモスタットには加温・冷却機器を制御するため

の感熱センサがあり，感熱体としてバイメタルを用いたものをバイメタル式サーモスタットと呼ぶ．図 1.49 に示すように，バイメタルとは，熱膨張係数の異なる 2 種類以上の金属または合金を接着して板状に仕上げたもので，温度変化に応じて生じる「反り」を検出してスイッチングを行う．下記に，スイッチングのメカニズムを自然言語で記述したものを示す．

① バイメタルの部分を加熱する．
② 金属 (金属 1) の板と金属 (金属 2) の板の温度が上昇する．
③ 温度の上昇によって，金属の板が伸びる．
④ 線膨張率の違いに応じて，板の長さに差が生じる．
⑤ 長さに差が生じるため，線膨張率の小さいほうの金属の板のほうに反る．
⑥ 金属の板が反るため，接点が開く．
⑦ 熱源または電源を加減し，温度がコントロールされる．

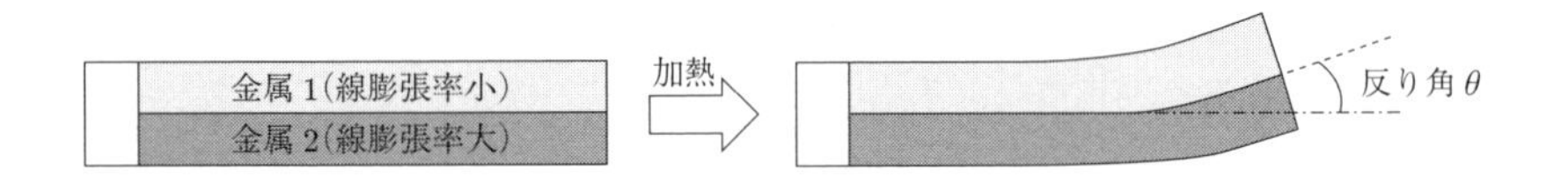

図 1.49　挙動のメカニズムの表現

(ii) イベントのノード (節点)　　イベントを表すノードには次のようなものがある (図式表示については図 1.50 参照)．

(1)　状態ノード：一定時間継続する状態を表現する (図 1.50 (a))．サーモスタットの例では,「温度変化が存在するという状態 (温度変化)」が状態のノードとして表現される．

(2)　状態遷移ノード：ある状態から別の状態への遷移を表現する (図 1.50 (b))．サーモスタットの例では,「金属の板の長さが変化する状態遷移」が状態遷移のノードとして表現される．

(3)　動作ノード：意思をもつ行為者によって実行されるイベント (動作) をノードとして表現する (図 1.50 (c))．サーモスタットの例では，人手による角度調整が存在する場合，この調整は動作ノードによって表現される．

(4)　傾向ノード：重力や抵抗力など，意思をもつ行為者によって実行されるものではなく，自然に発生するイベントをノードとして表現する (図 1.50 (d))．サー

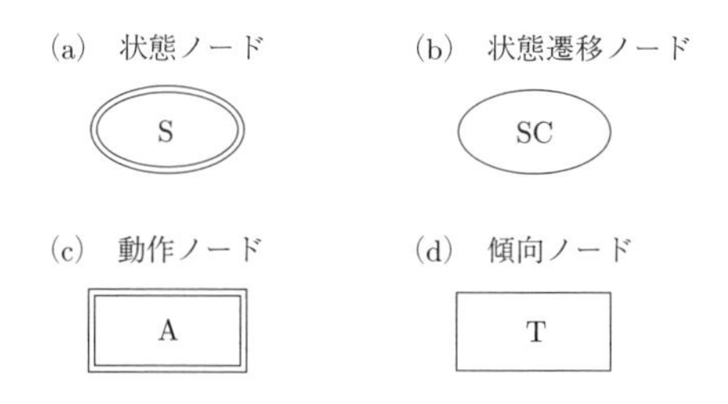

図 1.50 因果関係表現におけるノード
Chuck, R., Milt, G.: Proc. IJCAI-77, Vol.1, pp.250–256 (1977) を基に作成.

モスタットの例では，温度の上昇に応じて伸びる「熱膨張」が傾向ノードとして表現される.

(iii) 因果関係のリンク 複数のイベント間には因果関係が存在する．このイベント間に存在する因果関係を表現するリンクが定義されている (図式表現については図 1.51 参照).

(1) 因果性を表現するリンク：因果関係の対象がある状態のとき，別の状態または状態遷移が生じる因果関係がある．この因果関係において，ある動作またはある傾向が状態や状態遷移の条件 (原因) となる場合があり，このような因果関係の性質を因果性と呼ぶ．因果性は，動作または傾向の存在状況に応じて連続的因果性，単発的因果性に分類整理できる.

1a) 連続的因果性リンク： 因果関係の対象が $S_1, \ldots, S_n$ で示された状態にあるとき，因果性の条件として扱われる動作 A または傾向 T が存在する間，連続的に状態 S または状態変化 SC が生じるといった因果性を表現する (図 1.51 (a))．サーモスタットの例では，熱膨張がバイメタルの長さの変化を引き起こす．これを表現するために,「熱膨張を表す傾向ノード (T)」から「長さの変化を表す状態遷移ノード (SC)」への連続的因果性リンクを張る．このときの条件となる状態として，バイメタルを構成する 2 種類の金属板が接続されている状態が図 1.52 には，記述される.

1b) 単発的因果性リンク： 因果関係の対象が $S_1, \ldots, S_n$ で示された状態にあるとき，動作 A または傾向 T が一度だけでも生じれば，状態 S または状態変化 SC が生じる因果性を表現する (図 1.51 (b)).

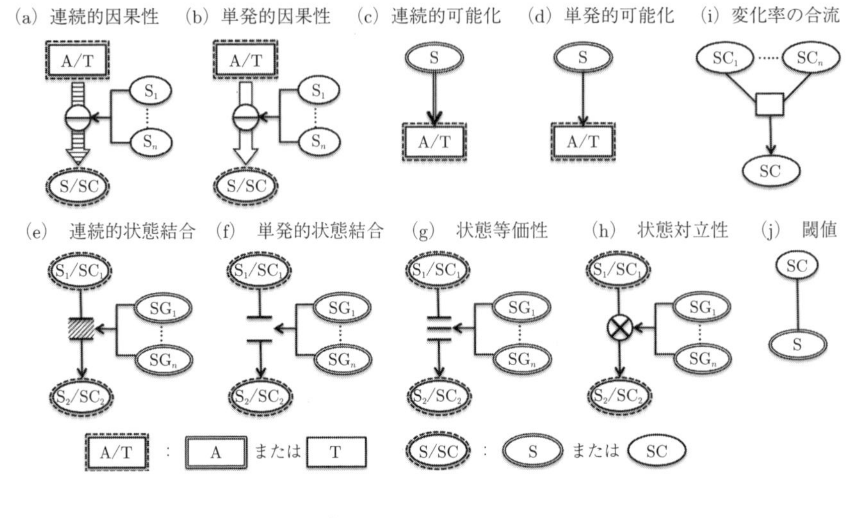

図 **1.51**　因果関係表現におけるリンク
Chuck, R., Milt, G.: Proc. IJCAI-77, Vol.1, pp.250–256 (1977) を基に作成.

(2) 可能化を表現するリンク：因果性においては，動作または傾向が原因となって，状態または状態遷移が生じる因果関係のタイプを整理した．これとは別に，状態 S が原因となり，動作 A または傾向 T が生じる場合もある．このような場合を因果関係の因果性と区別し，可能化と定義する．タイプに応じて，連続的可能化と単発的可能化に整理される．

2a)　連続的可能化リンク：　因果関係の対象の状態が S であれば，動作 A または傾向 T が生じる可能性があることを表現する (図 1.51 (c))．図 1.52 のサーモスタットの例では,「温度変化は熱膨張を引き起こす」は，温度変化を表す状態ノードから熱膨張を傾向ノードへの連続的可能化リンクとして表している．

2b)　単発的可能化リンク：　因果関係の対象の状態である S が一度生じると，動作 A または傾向 T が起きる可能性が生じることを表現する (図 1.51 (d))．

(3) 状態結合を表現するリンク：状態 S_1 または状態変化 SC_1 と，状態 S_2 または状態変化 SC_2 との生起関係のタイプについて整理できる．

3a)　連続的状態結合リンク：　因果関係の対象が $SG_1, \ldots, SG_n$ で示された状態にあれば，状態 S_1 または状態変化 SC_1 が生じている間，状態 S_2 または状態変化 SC_2 が常に生じることを表す (図 1.51 (e)).

3b)　単発的状態結合リンク：　因果関係の対象が $SG_1, \ldots, SG_n$ で示された状態にあれば，対象について状態 S_1 または状態変化 SC_1 が一度生じると，状態 S_2 または状態変化 SC_2 が生じることを表す (図 1.51 (f)). S_2 (または SC_2) と S_1 (または SC_1) が同期するのは状態変化が生じたときだけである．これは連続的状態結合リンクの変種である.

(4)　状態の等価性と対立性を表現するリンク：

4a)　状態等価性リンク：　状態等価性は本質的に同じ状態の異なる表現を意味し，物理的な関係ではなく，イベントの記述の仕方に付随して生じる状態間の性質を表す (図 1.51 (g)). 具体的には，対象が $SG_1, \ldots, SG_n$ で示された状態にあれば，状態 S_1 または状態変化 SC_1 は状態 S_2 または状態変化 SC_2 と等価であると表現する．図 1.52 のサーモスタットの例では，2 種類の金属が接続されているという条件のもとでは，金属の長さの変化は傾斜角の変化に等しいことを状態等価性リンクを用いて表現している.

4b)　状態対立性リンク：　状態対立性は，状態の排他的関係の表現を意味し，状態等価性と同様に定義に付随して生じる性質として表現される．系が $SG_1, \ldots,$ SG_n で示された状態にあれば，状態 S_1 または状態変化 SC_1 と状態 S_2 または状態変化 SC_2 は互いに排他的であることを表す (図 1.51 (h)).

(5)　変化率の合流リンク：状態変化 SC が状態変化 $SC_1, \ldots, SC_z$ の和として定義されることを表す (図 1.51 (i)). サーモスタットの例では，サーモスタットの実質的な傾斜角が熱膨張による長さの変化によるものと外部からの調整によるものとを合わせたものとして定義されることを表すために，変化の合流リンクを用いている.

(6)　閾値リンク：状態変化 SC が S に示された条件を満足すると，状態 S が生じることを表す (図 1.51 (j)). これは，状態変化 SC について S で示される閾値があることを示している．図 1.52 のサーモスタットの例において，バイメタルの反り角 θ によってバイメタルと接点の位置関係が変化して，電気的な接点が閉じられることを表した．図 1.52 の因果ネットワークでは，反り角 θ によって電気的な接点が閉じられることを示すために閾値リンクを用いている.

図 1.52 と図 1.53 には挙動のメカニズムを因果ネットワークで表現したものの一部を示す.

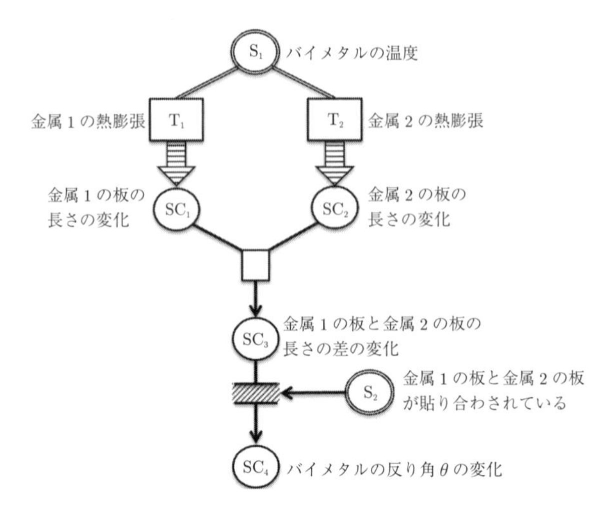

図 1.52　サーモスタットの動作機構の記述例
西田豊明：定性推論の諸相，p.15，朝倉書店 (1993).

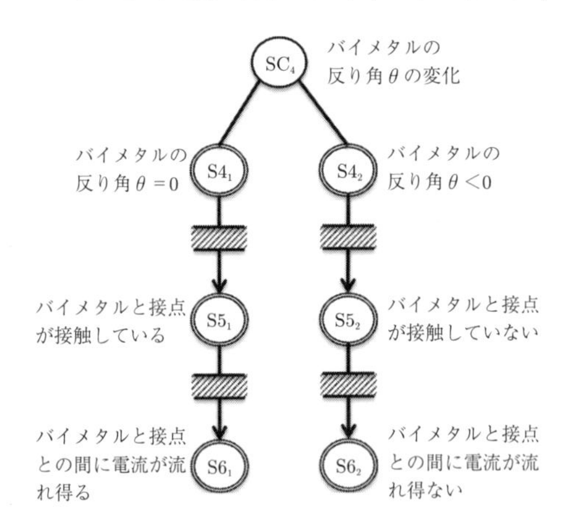

図 1.53　サーモスタットの動作機構の記述例
西田豊明：定性推論の諸相，p.19，朝倉書店 (1993).

(iv) 水飲み鳥の玩具の例　図 1.54 に示すような動きをする「水飲み鳥」の玩具がある．この玩具における物理現象を利用した動きを因果関係の定性モデルを考える．この玩具は，次に挙げる要素から構成される．

構造：頭，首，軸受け，密閉されたガラス管，気化した液体，エーテルなど沸点が常温に近い液体，胴，支持台，水，コップ

これらの要素の状態は，下記の諸量によって表現される．

T_{H}：「頭」の温度，

P_{N}：「首」の蒸気圧，A_{N}：「首」の部分のエーテル量，

P_{B}：「胴体」の蒸気圧，A_{B}：「胴体」の部分のエーテルの量，

T_{E}：エーテルの温度，T_{W}：水の温度，M：モーメント

「水飲み鳥」は，次のような挙動を示す．

① 「頭」が水につかる．同時に「首」と「胴」の気体部分がつながり,「首」と「胴」の液面の高さが等しくなる．

② 液体の大部分は「胴」に集まり,「胴」が重くなるので,「胴」が下がる.「首」と「胴」の気体部分は分離される．

③ 「頭」についた水の気化熱で「頭」部の気体が冷やされ,「頭」部の気体の圧力が下がる．これによって液体が「頭」に吸い上げられ,「頭」が重くなり,「頭

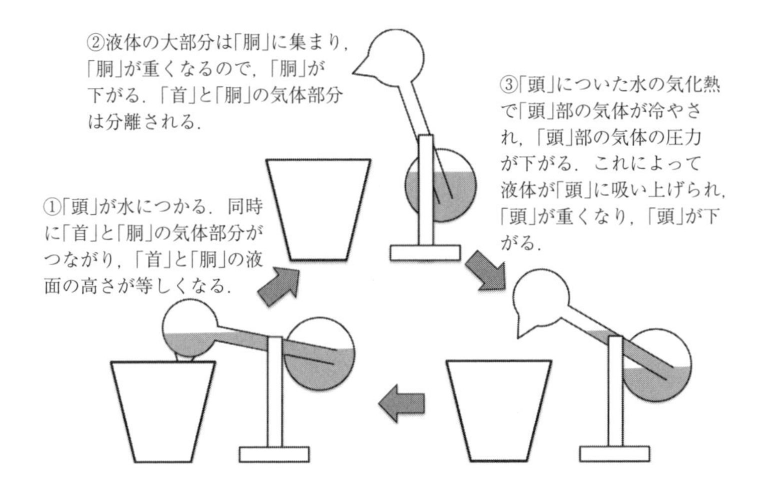

図 1.54　「水飲み鳥」の玩具

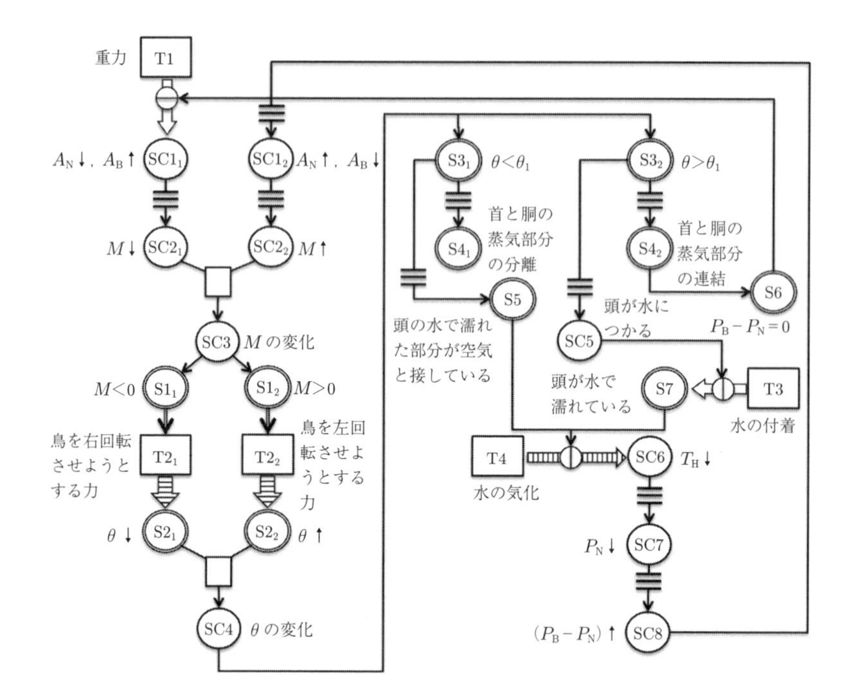

図 1.55　水飲み鳥の玩具の仕組みの因果ネットワークによる表現
西田豊明：定性推論の諸相，p.21，朝倉書店 (1993).

が」が下がる．

以上のサイクルは①を強制的に引き起こすことによって開始する．

上記の挙動において，図 1.55 に図示している状態と状態変化の対応を示すと次のようになり，定性推論における因果関係の記述表現の特徴を理解できる．

④「頭」が水につかる．同時に「首」と「胴」の気体部分がつながり,「首」と「胴」の液面の高さが等しくなる．
- 「頭」が水につかり【SC5】,「頭」に水で濡れている【S7】.
- 同時に「首」と「胴」の気体部分がつながり【$S4_2$】,
- 「首」と「胴」の液面の高さが等しくなる【S6】.

⑤ 液体の大部分は「胴」に集まり,「胴」が重くなるので,「胴」が下がる.「首」と「胴」の気体部分は分離される．

・ 液体の大部分は「胴」に集まり【$SC1_1$】
・「胴」が重くなるので【$SC2_1$】→【SC3】→【$S1_1$】
・「胴」が下がる【$S2_1$】→【SC4】→【$S3_1$】.
・「首」と「胴」の気体部分は分離される【$S4_1$】.

⑥「頭」についた水の気化熱で「頭」部の気体が冷やされ,「頭」部の気体の圧力が下がる. これによって液体が「頭」に吸い上げられ,「頭」が重くなり,「頭」が下がる.
・「頭」についた水の気化熱【S5】で「頭」部の気体が冷やされ【SC6】,
・「頭」部の気体の圧力が下がる【SC7】.
・ これによって液体が「頭」に吸い上げられ【SC8】→【$SC1_2$】,
・「頭」が重くなり【$SC2_2$】→【SC3】→【$S1_2$】,
・「頭が」が下がる【$S2_2$】→【SC4】→【$S3_2$】.

c.　因果ネットワークの問題

本項で紹介した因果関係を使い，実社会のさまざまな事象を実際に記述しようとするといくつかの問題を認識することができる.

一つは，ノードやリンクの意味は絶対的に定まるものではなく，記述表現したい対象の観察の仕方に依存する．たとえば，二つの変数間に関係が確認される場合において，相関関係と因果関係の区別は重要な課題である．相関関係は，たとえば，二つの変数 (A, B) 間において，変数 A が増加すると変数 B も増加するといった関係である．この相関関係があるだけでは因果関係があるとは断定することはできない．因果関係は，変数 A の増加分が変数 B の増加分として確認できる関係である．相関関係と因果関係を区別することで，より精密な因果関係の記述が期待できるが，区別するための情報が必要になる．区別しなければ，因果関係の記述には曖昧性が残るが，より広い範囲の情報を捉えやすくなるので初期的なモデリングにより適しているといったメリットもある．このようなことを考えて，適切な粒度でモデルの記述を考える必要がある.

たとえば，下記に示す自然言語で記述表現されたテキストについて考えてみる.

肥満になると,

- 高インスリン血症が生じる．これが Na 再吸収を促し，Na 蓄積と全血液量の増加をもたらす．全血液量が増えると，心拍出量が増加し，高血圧につながる.

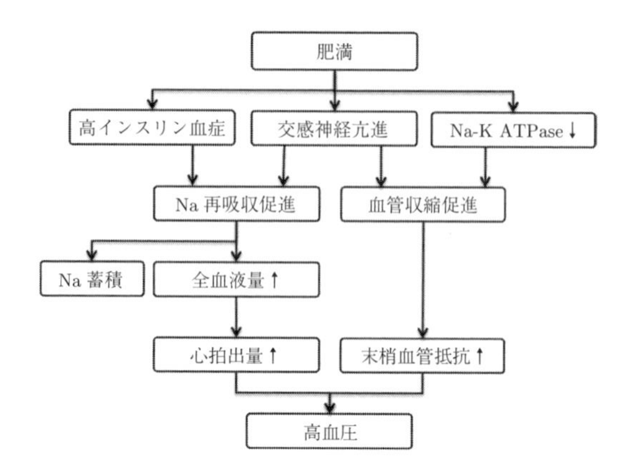

図 1.56　肥満の影響のメカニズムとその因果ネットワークによる表現
小山勝一：からだの科学，133 号，pp.38–43 (1987).

- 交感神経系は亢進し，Na 再吸収と血管収縮が促進され，これも高血圧につながる．
- 細胞膜の Na–K ATPase が抑制され，血管が収縮するので末梢血管抵抗が上昇し，高血圧につながる．

と，これは図 1.56 のように，状態や状態変化などをあまり明確にしないほうが表現しやすい．実際，医学関係の文献ではこれに相当する表示法が用いられている．

二つ目の課題として，因果ネットワークの導出方法の課題である．因果ネットワークをどのように記述すればよいのかに対する解答は容易ではない．物理学での因果性は，ある時刻におけるシステムの状態が決まればそれ以降の時刻におけるシステムの状態が一意に決定されることを意味する．しかしながら，定性推論における因果性の定式化と物理学における因果性の概念は同じではない．定性推論における因果性の取扱いは，物理的対象そのものに因果性が成り立つかどうかという問題とは別次元のものであり，人間が現象を因果的に理解した結果をいかにして形式的に記述するかという問題に関わるものである．たとえば，ボールが置かれている板が傾くと，板上のボールは転がるという事象について考えた場合，「板が傾く」という原因と「ボールが転がる」という結果の間には，物理法則に従った方程式で表現される関係が存在する．しかしながら，複雑な関係ではなく，板とボールの関係について理解し，表現したい場合がある．人間の因果的な理解は，多くの文献に自然言語で書かれており，自然言語の文章を解析して因果ネットワークを自動的に生成するロジックを構築することも考えられる．このとき，対象の観察の仕方に記述表現が依存するために，さまざまな因果的理解が存在する．たとえば，これらを考慮したうえで因果ネットワークを導出することは容易ではない．

1.3.4　離散事象モデルとペトリネット

定性推論では，対象が有する状態や状態遷移に着目し，因果関係を因果ネットワークとして表現した．本項では，因果関係における状態と状態遷移，さらには事象の意味についての理解を深めるために，離散事象を記述表現する言語であるペトリネットを紹介し，因果関係と知識の関係について理解を深める．ここで，離散事象とは「モノ」や「コト」が有する状態を不連続に変化させる事象 (イベント) のうち，離散的に生起するものをいう．ソフトウェアやネットワーク，制御システムや生産システムなどは離散事象システムと呼ばれ，さまざまな事象が離散的に生起し，システムの状態が不連続に多様に変化するシステムである．後述するように，ペトリネットは離散事象システムをモデリング，シミュレーションする言語として有名である．

a.　ペトリネットの概要

離散事象システムが保持する特徴は，次のように整理できる．

- 非同期性：　生起条件が満たされると，事象はいつでも発生し得ること
- 因果性：　ある事象の発生が別の事象の発生の引き金になること
- 並列性：　複数の事象が独立に発生して，システムの状態を移行させ得ること
- 競合性：　複数の事象が同一の生起条件を共有し，それぞれの事象の発生が異なった状態を引き起こすこと

以上の特徴を自然にモデル化し，解析するための手段としてペトリネットがある．ペトリネットは，1962 年に Petri (ペトリ) により提案された概念であり，離散事象システムを記述表現するための計算機言語である．ペトリネットは，システムを構成する要素の挙動の組合せを論理的に合成し，複雑なシステムの挙動を表現，算出するという基本的な考え方を基盤とし，システムにおける状態と事象の概念を用いてシステムを計算可能なグラフモデルで表現したものである (図 1.57).

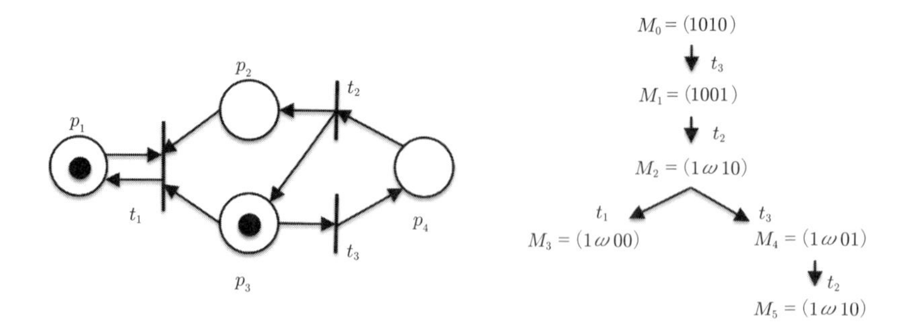

図 1.57　簡単なペトリネットと可達木の例

ペトリネットを形成する基本的なグラフは，状態を表現する**プレース**，および事象を表現する**トランジション**と呼ばれる2種類のノードが**アーク**で接続された有向2部グラフである．図的表示では，プレースは丸“○”，トランジションは棒“|”または箱“■”で記述表現され，矢印で表記されるアークによって接続される．アークには2種類あり，プレースから出てトランジションに接続するアーク，トランジションから出てプレースに接続するアークである．プレースに**トークン**が割り当てられているとき，プレースはトークンでマーキングされていると表現され，トークンによってマーキングされたプレースによりシステムの状態が表現される．マーキングの初期状態のことを**初期マーキング**と呼び，マーキングはトランジションの発火により遷移する．

原因と結果から構成される因果関係を記述する際には，プレースを**条件**，トランジションを**事象**として記述するモデルを用いて表現する．トランジションには，その事象の**前提条件**を入力プレース，**後提条件**を出力プレースとして表現できるプレースを連結できる．ある入力プレースにトークンが存在していれば，そのプレースに関係づけられた条件が成立していると解釈でき，条件としての状態が表現され，因果関係における原因を記述表現する際に利用できる．

プレースとトランジションを連結するアークは複数本描くことができる．これを多重アークと呼び，本数を数値としてアークに付記して表記することが一般的である．また，トークンもプレースにおいて複数存在することが可能であり，複数のトークンを描画したり，トークンの数を明示したりする場合もある．

b.　トランジション発火可能性と発火則

トークンによるマーキングは，**トランジション発火則**に従って変化する．ペトリネットでは，あるトランジションに入ってくるアークがある場合，そのアークの元にあるすべての入力プレースにトークンがマーキングされたときに，トランジションは発火可能となる．トランジションが発火すると，そのトランジションから出るアークの先にあるすべての出力プレースにトークンがマーキングされる．このようにして，あるプレースにマーキングされたトークンが次々と伝播することにより，プレースによって定義されたシステムの状態が次々に変化する．図 1.58 は，簡単なペトリネットにおけるトークンのマーキングの推移を表し，状態の変化の様相を示している．

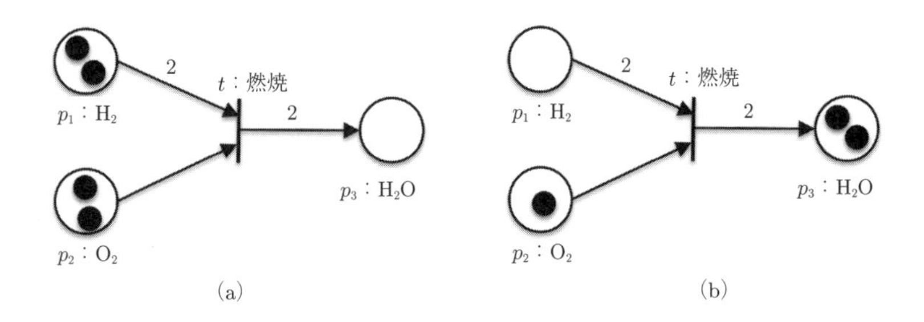

図 1.58　トランジション発火則

このように，トークンを使用することにより，システムの状態遷移を表現でき，システムの動的な挙動を視覚的にシミュレートすることができる．下記にトランジション発火則を示す．ここで，簡単な化学反応 (燃焼)：$2H_2 + O_2 \rightarrow 2H_2O$ を用いて図 1.58 (a) で説明する．

A) 入力プレース p からトランジション t へのアークの重みを $w(p, t)$ とする．トランジション t(燃焼) のすべての入力プレース $p(H_2)$，$p(O_2)$ に，少なくとも $w(p(H_2), t(\text{反応})) = 2$，$w(p(O_2), t(\text{燃焼})) = 1$ 個のトークンがあれば，トランジション t(反応) は発火可能である．

B) 事象が起こり得る状態にあっても，事象が実際に起きる場合と起きない場合があるため，発火可能なトランジションは，発火しても発火しなくてもよい．

C) トランジション t(反応) が発火すると，t(燃焼) の各入力プレース $p(H_2)$，$p(O_2)$ から $w(p(H_2),\ t(\text{燃焼})) = 2$，$w(p(O_2),\ t(\text{燃焼})) = 1$ 個のトークンが消去される．次に，t(燃焼) の出力プレースである $p(H_2O)$ へ，2 個のトークンが加えられる．
D) トランジション t(燃焼) の発火後，プレース $p(H_2)$，$p(O_2)$ のマーキングは図 1.58 (b) で示すものとなり，トランジション t(燃焼) は発火可能ではなくなる．

上記のトランジションの発火規則に関連して，各プレースが保持できるトークン数が制限される場合と，無制限の場合が存在する．その制限の有無に応じて次に示されるようにペトリネットが区別される．自然システムを考える場合は，制限される場合が通例であり，有限容量ネットとなる．

- **無限容量ネット**：各プレースが保持できるトークン数を無限個とするペトリネット
- **有限容量ネット**：各プレースが保持できるトークン数の上限を指定するペトリネット

c. ペトリネットの解析：可到達木

システムの状態遷移をプレースにおけるトークンのマーキング状態の遷移として表現するペトリネットに対しては，さまざまな性質を探求できる．たとえば，システムの状態遷移が初期マーキングに依存する「マーキング依存の性質」，さらには，システムがとり得る状態遷移の動的性質を示す，構造的性質の二つのタイプがある．本項では基本的な動的性質について述べる．

ペトリネットにおける基本的な動的性質を解析する手法として，**可到達 (被覆) 木法**がある．可到達木法は，ペトリネットで表現される状態遷移において，すべての可達マーキングを数え上げる解析法である．ペトリネットが計算機理解可能な言語であるので，自動計算によって，ペトリネットで記述したシステムの振舞いを示す可到達木を得ることができる．これはさまざまな種類のペトリネットに適用可能であるが，状態空間が発散する問題があるため,「小規模な」ネットの解析に限定される．図 1.59 に，簡単なペトリネットモデルから，**可到達木**を導出する例を示す．

- 初期マーキング $M_0 = (1\ 0\ 0)$ では，二つのトランジション $\{t_1, t_3\}$ が発火可

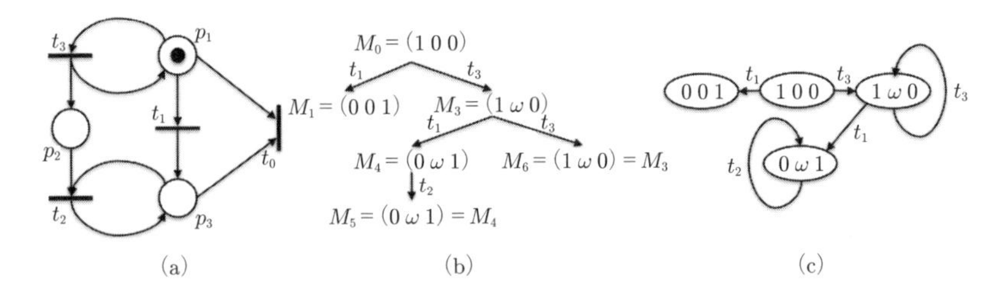

図 1.59　ネットの可到達木と可到達グラフ

能な状態である．

- t_1 の発火によってマーキングが推移する．$M_0 = (1\ 0\ 0)$ から $M_1 = (0\ 0\ 1)$ へと推移する．$M_1 = (0\ 0\ 1)$ のマーキング状態では発火可能なトランジションが存在しないためシステムの状態遷移は進行しない．「終端」の状態である．
- t_3 の発火によってマーキングが推移する．$M_0 = (1\ 0\ 0)$ から $M_3 = (1\ 1\ 0)$ へと推移する．ここでは，二つのトランジション t_1 および t_3 が再び発火可能である．t_3 は連続的に発火可能となり，p_2 へマーキングされるトークンが増加する．無限個を表現する記号 ω を導入し，マーキングを $M_3 = (1\ \omega\ 0)$ として表現する．
- t_1 の発火で M_3 から $M_4 = (0\ \omega\ 1)$ を得る．ここから t_2 が発火可能となり，M_4 と等しい「既存」ノード $M_5 = (0\ \omega\ 1)$ を得る．同様に，M_3 における t_3 の発火も，M_3 と等しい「既存」ノード $M_6 = (1\ \omega\ 0)$ を得る．
- 以上の状態遷移をマーキングによって整理すると，図 1.59 (b), (c) に示す可到達木 T が生成される．

d.　ペトリネットの拡張と分類

ペトリネットには，さまざまな種類が提案されている．基本形は，事象と状態の論理的関係を記述した**プレース/トランジションペトリネット** (P/T Petri Net) であるが，時間的関係の記述を目的としたペトリネットがある．確定的な時間を導入した**時間ペトリネット** (timed Petri Net：**TPN**)，確率的な時間を導入した**確率ペトリネット** (stochastic Petri Net：**SPN**) である．時間ペトリネットは，トランジションの発火の遅延を扱い，トランジションの発火を時間によって制御することを可能とし，また，確率ペトリネットは，トランジションの発火を確率事象として扱い，指定した確率でトランジションの発火を制御することによって複雑な離散事象の挙動を表現する．

P/T Petri Net の論理的関係の記述は極めて単純であるため，複雑な論理的関係を記述表現することは困難となる．この記述問題を解決するために，トークンを色 (種類) 分けすることで複雑な発火条件を設定することで，論理的関係を拡張するカラーペトリネットなどの**高水準ペトリネット** (high level Peti Net：**HPN**) も提案されている．また，これらの時間的関係と論理的関係を融合する**一般化確率ペトリネット** (generalized stochastic Petri Net：**GSPN**) もある．

(1) 論理的関係の記述
- プレース/トランジションペトリネット (P/T Petri Net)
- 高水準ペトリネット (HPN)
  - ・ カラーペトリネット (CPN)
  - ・ 時間なし連続ペトリネット (ACPN)

(2) 時間的関係の記述
- 確率的時間：確率ペトリネット (SPN)
- 確定的時間：時間ペトリネット (TPN)

(3) 時間的関係と論理的関係を融合
- 一般化確率ペトリネット (GSPN)

e. ペトリネットを用いた知識の記述と解析例

図 1.60 はペトリネットのグラフ表現の例である．ペトリネットにおける一つのトランジションに着目すれば，その入力プレースは事象の生起条件，その出力プレースは事象が発生した後に成立する条件と考えることができる．したがって，$(t_j, I(t_j), O(t_j))$ の 3 項組は一つのプロダクションルールを表している．プロダクションルールは「もし A ならば B である」という形式で知識を表現するものである．マーキングはワーキングメモリーに相当し，ペトリネットの構造が状態遷移の仕方を規定しているので，ペトリネットはプロダクションルールを利用することで問題解決を行うシステムであるプロダクションシステムをグラフ形式にコンパイルしたものだと解釈することができる．

本項では，青山，内平，平石らがペトリネットで表現した「踏切システム」の例を引用し，因果関係とペトリネットによる知識の記述の関連について理解を深

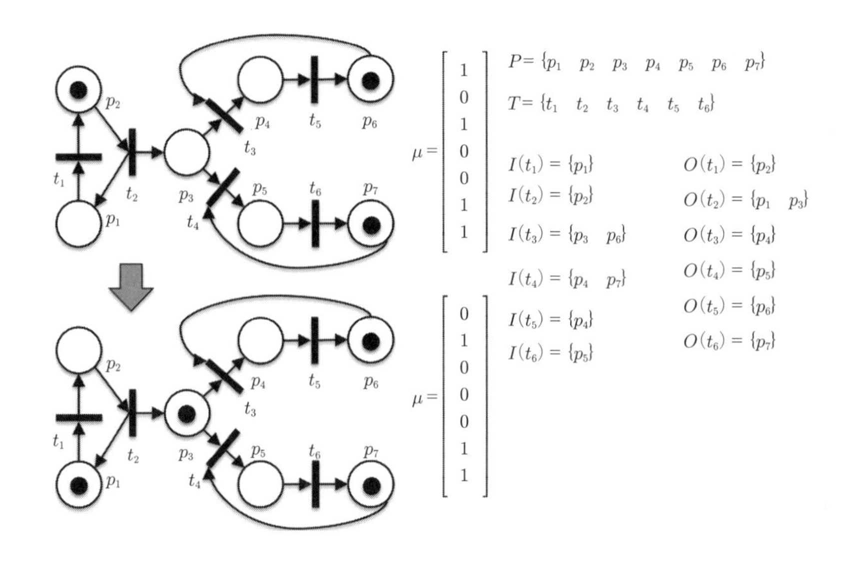

図 1.60　ペトリネットのグラフ表現

める[19]．電車が通過中に遮断機が降下する「踏切システム」は，列車の通過と遮断機の動作タイミングがシステムの挙動として重要である．この種のシステムでは，ハードウェアとソフトウェア，場合によっては人間のオペレーションも含む，複数の要素が並行して動作する分散システムであり，システム全体の統一的なモデル化が必要である．このシステムに関する知識をペトリネットにより表現することを考える．

(i) 踏切システムの記述　列車の運行と踏切制御システム，遮断機から成る統一的なシステムを時間ペトリネットにより記述した例を図 1.61 に示す．このシステムの挙動は，次のように計算される．

(1)　列車の接近により遮断機を下ろす．

① 列車が踏切に接近することで接近中状態 p_1 となる．この p_1 の状態において t_1 が発火し，列車は直前状態 p_2 に進むとともに，踏切制御システムに信号が送られ，p_5 にトークンのマーキングが遷移する．

② 踏切制御システム内の遮断機の状態を保持するプレース p_6 は，遮断機が上がっている状態に対応する．p_5 と p_6 にトークンがあると，遮断機を制御するトラ

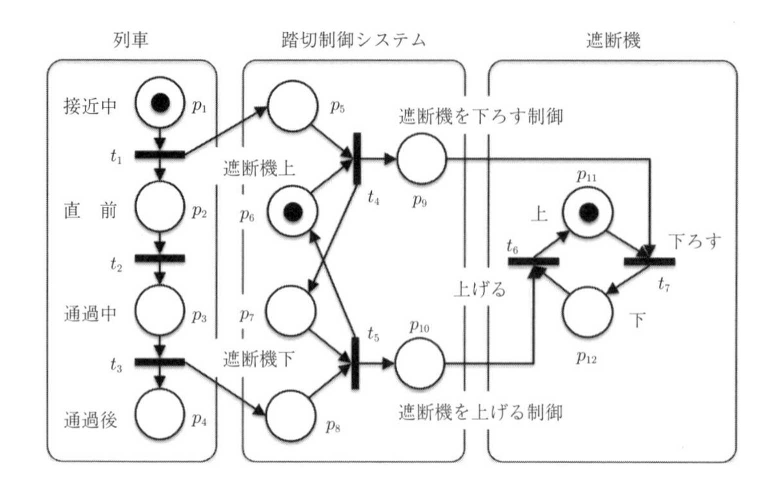

図 1.61　踏切システムのペトリネットモデル
青山幹雄，内平直志，平石邦彦：ペトリネットの理論と実践，システム制御情報ライブラリー 13，p.91，朝倉書店 (1995) を改変.

ンジション t_4 が発火し，p_9 にトークンがマーキングされ，遮断機を下ろす信号を踏切に送る制御状態となる．また，同時にプレース p_7 にトークンがマーキングされ，遮断機が下りている状態が制御システム内で保持される．

③ 遮断機が上がっている状態 p_{11} で，プレース p_9 にトークンが出力されると，トランジション t_7 が発火し，遮断機が下り，遮断機が下がっている状態 p_{12} がマーキングされる．

(2)　列車の通過により遮断機を上げる．

① 列車が踏切を通過中の状態 p_3 でトランジション t_3 が発火し，列車が踏切を通過した状態 p_4 にマーキングされるとともに，通過を知らせる状態 p_8 もマーキングされる．

② 制御システムが保持している遮断機下の状態 p_7 にトークンがあるので，トランジション t_5 が発火する．この発火により，踏切の遮断機を上げる制御状態 p_{10} にトークンがマーキングされる．同時に，プレース p_6 にもトークンが送られ，制御システム内での遮断機の状態を上がっている状態に戻す．

③ 遮断機は下りているので，プレース p_{12} にトークンがある．したがって，遮断機を上げるトランジション t_6 が発火して遮断機が上がり，プレース p_{11} にトー

クンがマーキングされる．

(ii) 到達可能木を利用した知識の集約と安全知識の獲得　システムの安全性を到達可能木に対する条件として定義し，到達可能木を用いて安全性を検証する方法を示す．

(1) 到達可能木の生成：図 1.61 の踏切システムのペトリネットから図 1.62 (a) に示す到達可能木が得られる．この到達可能木から，次のようなシステムの挙動が解釈できる．

- 到達可能状態：到達可能木には，到達可能な状態が 13 個ある (図 1.62 (b) 参照)．これらの状態は，到達可能木の枝に記述されたトランジション t_i とそのタイミングにより遷移経路が異なる．
- 危険状態：到達可能状態の中に，列車が通過中にもかかわらず遮断機が上がっている状態となる危険状態を含む．
- 危険状態への遷移：システムが危険状態へ陥るかどうかは，列車の通過のタイミングと遮断機の動作タイミングにより決まる．

単純化されているが，上記の三つの特性は，列車の運転と踏切制御システムに関する知識を表現していることがわかる．

(2) 到達可能木による安全性の定義：到達可能木の分析から想像できるように，システムの安全性は到達可能木を用いると明確に，かつ厳密に定義できる．

- 危険状態と安全状態の抽出：図 1.62 (b) に示すように，システムの到達可能状態を，危険状態と安全状態の二つの重複のない部分集合に分ける．到達可能集合では，危険状態は状態 3 と 6 からなり，その他の状態は安全状態の集合となる．
- 危機状態の抽出：安全状態から危険状態に陥る可能性のある危機状態を抽出する．図 1.62 (b) の安全状態の集合では，状態 2 と 4 が危険状態に遷移する可能性があるので，危機状態となる．

(3) ペトリネットによる安全設計：到達可能状態の分類から理解できるように，システムが安全であるとは，到達可能木が危険状態を含まないことである．図 1.61 の踏切制御システムが安全となるためには，遮断機を下ろす操作 t_7 が必ず列車の進入に先行しなければならない．したがって，踏切制御システムにインターロックを導入し，この動作順序を保証する必要がある．これは，遮断機の状態により列車に対する信号を制御する機構に相当し，遮断機が下りている状態を示す p_{13} を追加した図 1.63 に示すシステムが設計される．状態 p_{13} は列車の侵入の発

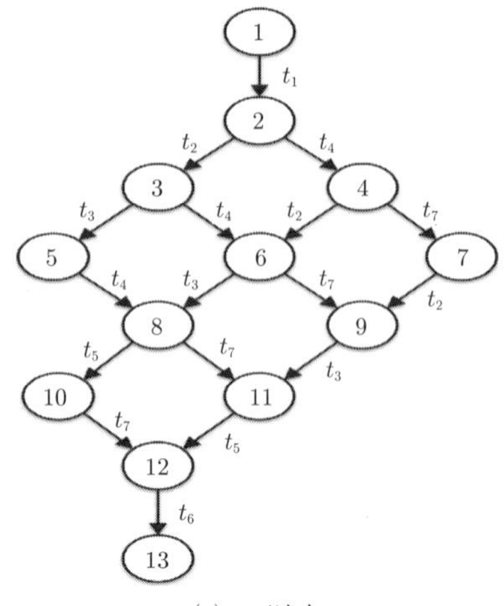

(a)　可達木

可達状態	列車				遮断機制御システム						遮断機		危険状態	備考
	p_1	p_2	p_3	p_4	p_5	p_6	p_7	p_8	p_9	p_{10}	p_{11}	p_{12}		
1	X					X					X		安全	
2		X			X	X					X		危機	列車：直前，遮断機：上
3			X		X	X					X		危険	列車：通過中，遮断機：上
4		X					X		X		X		危機	列車：直前，遮断機：上
5				X	X	X		X			X		安全	
6			X				X		X		X		危険	列車：通過中，遮断機：上
7		X					X					X	安全	
8				X			X	X	X		X		安全	
9			X				X					X	安全	
11				X		X			X	X	X		安全	
12				X		X				X		X	安全	
13				X		X					X		安全	

(b)　可到達状態

図 1.62　踏切システムの可達木と危険状態の認知

火である t_2 に対する発火条件として機能する．

安全設計を施した踏切制御システムの到達可能木を算出し，安全性を検証する．図 1.64 に示すように，危険状態 3 と 6 は到達不可能状態となるので，システムが危険状態に陥ることはなく，安全なシステムであることが確認できる．

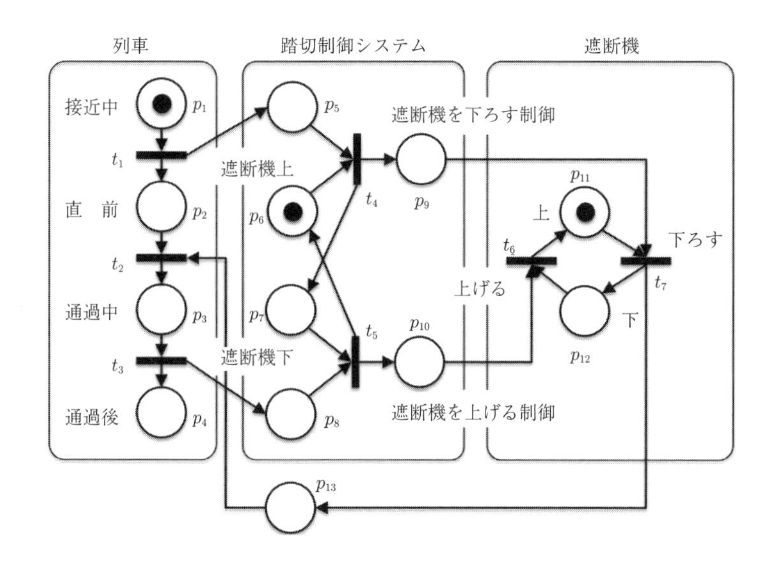

図 1.63 踏切システムのペトリネットモデル (安全知識の記述)
青山幹雄，内平直志，平石邦彦：ペトリネットの理論と実践，システム制御情報ライブラリー 13，p.95，朝倉書店 (1995) を改変.

1.3.5 ペトリネットによる連続鋳造プロセスの知識表現と利用

前項では，離散事象システムのモデリング言語であるペトリネットを用いた因果関係に関する知識のモデリング例を示した．その中では，列車の踏切システムを例に，列車と踏切に関する安全に関する知識の表現と活用について議論した．本項では，ペトリネットを利用した知識表現の例として製鉄における連続鋳造プロセスを紹介し，事象の生起によってシステムの状態が変化し，状態の変化が新しい事象の生起につながる事象駆動型システムにおける因果関係モデルをベースとした知識表現の理解を深めることを目的とする[20]．

a. 製鉄における連続鋳造プロセスと知識表現

合金を添加して成分を調整する精錬が終わった溶鋼は連続鋳造工程へ運ばれ，凝固されて半製品である鋼片が製造される．図 1.65 に示すように，連続鋳造工程は，溶鋼を鋳型に注ぎ，側面が凝固したものを鋳型の底から引き出すシンプルな

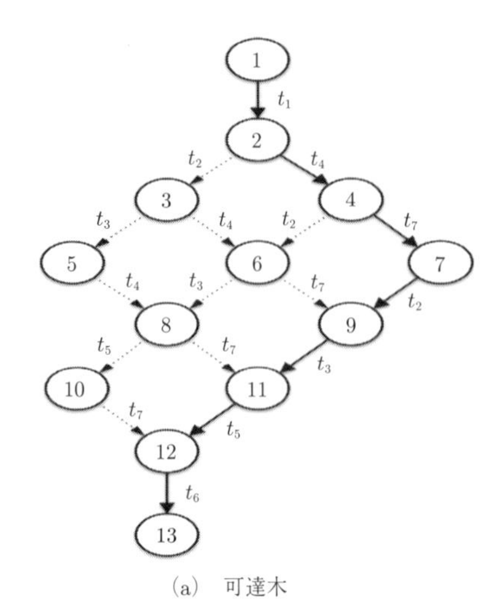

(a)　可達木

可達状態	列　車				遮断機制御システム						遮断機		危険状態	備　考
	p_1	p_2	p_3	p_4	p_5	p_6	p_7	p_8	p_9	p_{10}	p_{11}	p_{12}		
1	X					X					X		安全	
2		X			X	X					X		危機	列車：直前，遮断機：上
X3			X		X	X					X		危険	列車：通過中，遮断機：上
4		X					X		X		X		危機	列車：直前，遮断機：上
X5				X	X	X		X			X		安全	
X6			X				X		X		X		危険	列車：通過中，遮断機：上
7		X					X					X	安全	
X8				X			X	X	X		X		安全	
9			X				X					X	安全	
X10				X		X			X	X	X		安全	
11				X			X	X				X	安全	
12				X		X				X		X	安全	
13				X		X					X		安全	

(b)　可到達状態

図 1.64　踏切システムの可達木と危険状態の認知

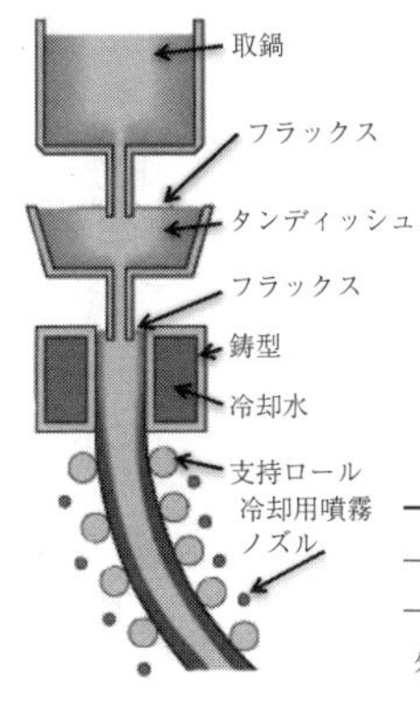

(a)　連続鋳型

鋼の状態

ステージ	状態属性	各状態属性の状態		
タンディッシュ	温　度	高	普通	低
	粘　性	高	普通	
ノズル	温　度	高	普通	低
	流　量	普通	流量少	
	流　れ	偏　流	整　流	
鋳　型	温　度	高	普通	低
	温度均一性	不均一	均一	
	シェル厚	薄	普通	厚
	シェル均一性	不均一	均一	
	湯面レベル	高	普通	低
	湯面安定性	振動	安定	
垂直領域	温　度	高	普通	低
	シェル厚	薄	普通	
	バルジング	有	無	

設備の状態

ステージ	ステージ内設備	各設備の状態				影響関係がある鋼属性
タンディッシュ	プラズマ加熱装置	ON	OFF	故障		温度(高・低)
	バブリング	ON	OFF	故障		温度(高・低)
ノズル	ノズル	普通	広	狭	偏詰	流れ(偏・整)
鋳　型	1次冷却	定常	故障			温度(高・低)
	引抜ローラー	定常	速	遅		温度(高・低) 湯面レベル
	パウダー投入機	定常	故障	別パターン		シェル均一性
垂直領域	2次冷却	定常	故障	強冷		温度(高・低)

(b)　鋼と設備の状態遷移

図 1.65　連続鋳造プロセスの概要と状態遷移

工程である．安定操業，安全操業を実現するために，最先端の計測技術や制御技術が導入され，エキスパートシステムも構築されている．しかしながら，非熟練操業者だけでは安定操業は難しく，鋳造途中の鋼の現在状態や将来状態を推定しながら適切な操業作業を選択することができる熟練操業者の操業知識も必要とされる．熟練者と同等に，非熟練の操業者でも操業トラブルを回避し，安定的な操業を実現可能とする操業における意思決定支援システムの構築が期待される．

b. 因果関係のモデル化

連続鋳造プロセスの操業支援システムを構築するためには，鋳造中の鋼や鋳造設備の現状態を把握し，将来状態を推定することができる操業知識の表現と利用が重要である．連続鋳造工程における鋼の状態に関する断片的な情報を統合している因果関係を形式的に記述するために，連続鋳造プロセスを離散的に扱うことでペトリネットを使用して定性的にモデル化する．記述したモデルを活用し，鋳造中の鋼の状態を把握，将来予測する方法を提供することで，操業トラブル回避のための操業指示を生成することを試みる．

下記に整理するように，連続鋳造プロセスを構成する複数のステージの鋼や鋳造装置における同時並行的な状態遷移をモデル化する．

- 鋼のモデル化： 連続的に流れる鋼を鋳造ステージごとに離散化し，鋳造ステージごとの鋼の状態は,「温度［高い，適切，低い］」のように離散化された複数の属性の状態の組合せで表現する (図 1.65 (b))．
- 装置/設備のモデル化： 鋳造装置/設備の状態も離散的に定義し，たとえば，プラズマ加熱装置の状態は［稼動，非稼動，故障］として「プレース/状態」で表現する (図 1.65 (b))．鋳造装置/設備の状態は鋼の状態遷移を表す「トランジション/事象」の発火条件として表現する．

c. 連続鋳造プロセスにおける状態遷移の算出

図 1.66 (a) の二つの枠で囲われているペトリネットはそれぞれステージ A とステージ B の鋼と鋳造設備の状態遷移を表現している．システムが,「ステージでの状態遷移」によって遷移し得る連続鋳造プロセス全体の状態を計算し，可達木として配置する．この流れは次のようである．

ペトリネットからステージごとの可到達木を計算する (図 1.66 (b) 上図，下図)．ステージごとの可到達木をステージ間の影響関係により結合する (図 1.66 (b))．結合された可到達木から連続鋳造プロセス全体の状態遷移を計算する．図 (b) と (c) との間の矢印は,「可到達木の状態とすべてのステージの可到達木の状態」の対応を示している．図 1.66 (c) はリスク評価が示されていないが，後述するように鋼の状態を意味するノードは被害の発生確率と被害の大きさの値をもち，必要に応じてリスクを計算することが可能である．

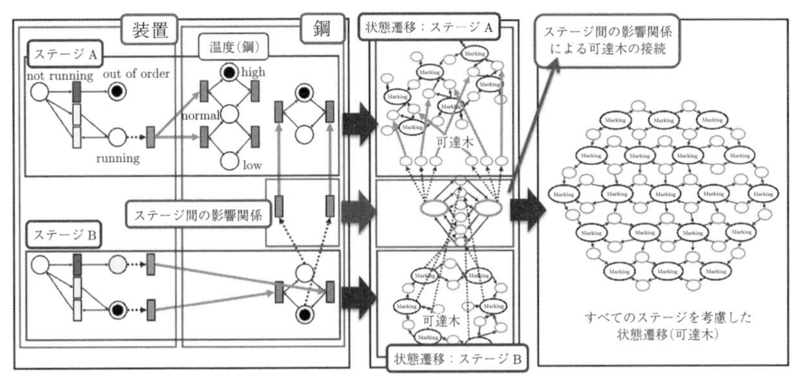

(a) 鋼と装置のペトリネット (b) 接続された可達木 (c) すべてのステージの可達木

図 1.66 溶鋼と設備のペトリネットモデルと可到達木

リスク評価マトリクス上に配置された連続鋳造プロセス全体がとり得る状態から，発生確率が高く，かつ危険度も高い状態や，その状態を回避するためのオペレーションを抽出する．

d. トラブル発生の算出

ノズル詰まり (偏詰) の発生とノズルの部分の鋼の高温により，最終的には甚大な被害となるブレイクアウト*11が発生してしまう．ブレイクアウトの発生までの鋼の状態の遷移と状態の因果関係は，図 1.67 のように示される．このブレイクア

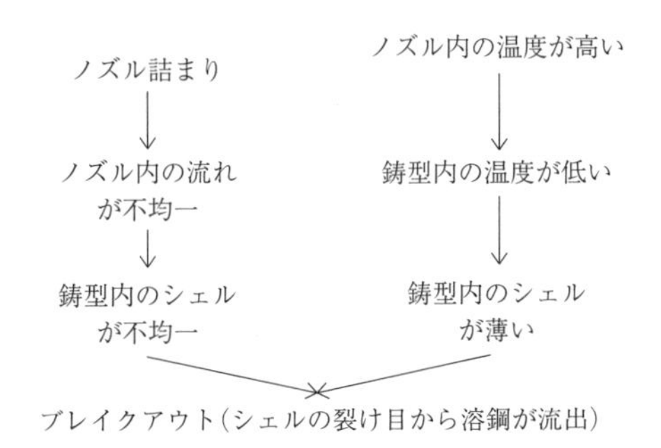

図 1.67 実際に発生したトラブルのメカニズム

*11 液体の鋼を覆っている薄皮が破れ，鋼が流れ出してしまう事故．

ウトを題材に，操業におけるトラブル発生の推定，対応に対する支援を考える．

図 1.68 は，ノズルの鋳造ステージにおいてトラブル発生前の状況から連続鋳造プロセス全体の状態の遷移をペトリネットと可到達木によって示している．設定された初期状態 { 鋼：温度高，ノズル (設備)：ノズル偏詰 } (図 1.68 ①) から遷移し得る連続鋳造プロセス全体の状態が図 1.68 ②で示される可到達木として計算される．この可到達木を構成する状態群の中で，発生確率が高く，かつ被害の大きい状態がある．その状態から遷移し得る連続鋳造プロセス全体の状態が計算される (図 1.68 ③)．

計算された連続鋳造プロセス全体の状態の一つにおいては，鋳型ステージで，状態 { 鋼：シェル厚薄，鋼：シェル厚不均一 } となっている．④が示す状態は，図 1.68 で示されたトラブル事例におけるトラブル発生時の状況と同じ状態が算出されていることが確認される．

e.　トラブル発生を回避する操業の検討

ノズルの鋳造ステージにおいて，遷移し得る連続鋳造プロセス全体の状態が図 1.68 ⑤のように計算される．計算された状態群の中で，トラブルの発生リスクが高い状態に遷移しない状態に到達可能とするオペレーションが存在することが示唆される (図 1.68 ⑤中の⑥に対応する状態)．提示された設備の状態変化を実行するオペレーションを確認すると，ノズルの鋳造ステージにおける「ノズルつつき」という操作であることが確認できる．

以上に示したように，連続鋳造プロセスにおける鋼の状態属性に着目し，鋼の状態と状態遷移をペトリネットによって「鋼の属性間の相互関係」を定義し，同様に鋳造ステージごとの鋼と設備の状態と状態遷移をペトリネットによってモデル化することで，連続鋳造プロセスに関する知識を形式的に記述することができる．計算機を利用することによって，鋼の状態遷移を網羅的に算出することが可能となる．

算出された可到達木を有効利用し，リスクの被害度，発生確度で区分されるリスク評価マトリクスに配置することで，オペレーションを実行するうえで強く考慮すべき状態である「発生確率が高く，かつ被害が大きい状態」や無視はできず操業のうえで見落としがちな状態となることが危惧される「発生確率が低いが，被害が大きい状態」を把握できることが期待できる．

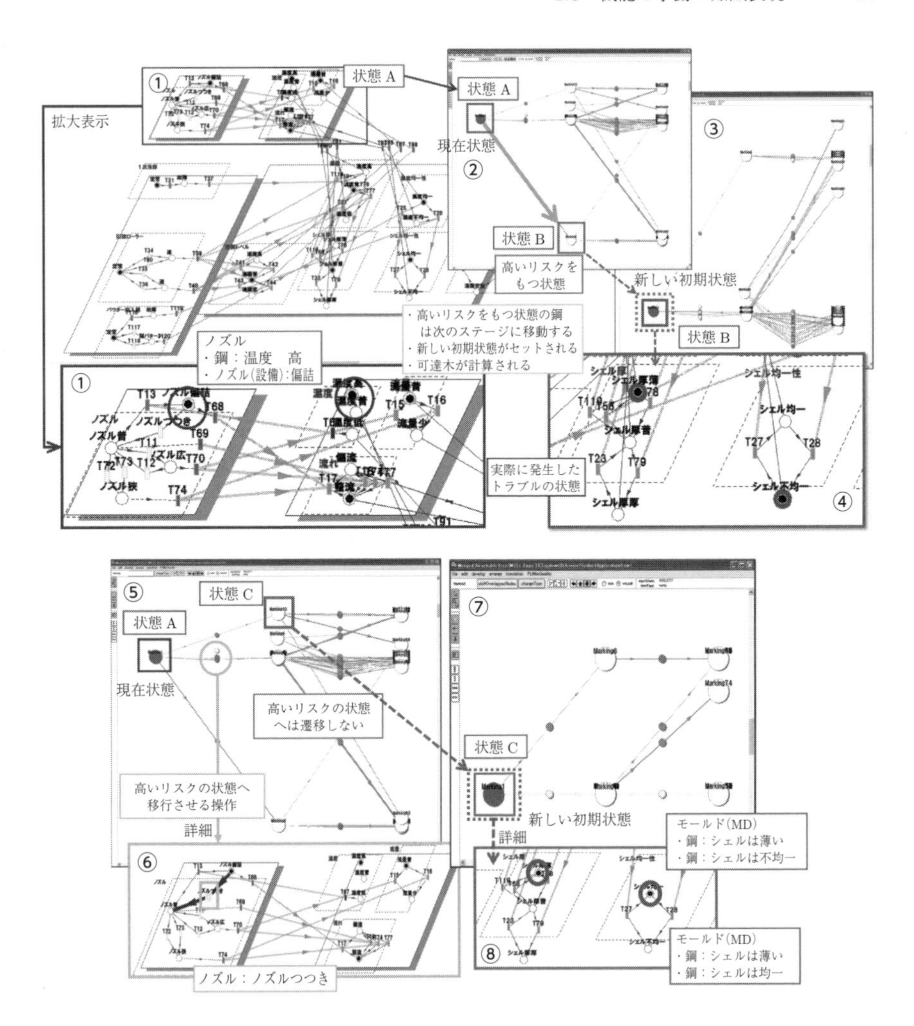

図 1.68　実際に発生したトラブルのメカニズム

可視化の視点では，状態に至る経路が網羅的に可視化されているため，人が想定しにくく無視できないトラブル要因の重なり方を提示することが期待できる．鋳造プロセス全体の可到達木の状態を色づけることで，使用者が危険状態を回避するためにはどのようにオペレーションすべきかという情報を抽出しやすくなる．

1.4 ま と め

本章では，知的活動の基盤となる知識表現について理解するため，知識の形式的記述の例を紹介し，知識の構造分析によって間接的に得られる知識について説明した．それぞれの知識表現が，対象とする知識処理と知的活動，その背景にある対象世界における事象やシステムの挙動に適合した形で存在している．

しかし，本章の内容で，“$P(x,y) \to Q(x,y)$” という形式の知識を表すとしても，これが因果関係を表す知識として正しいかどうかは膨大な事実の集合を参照しなければ判じられない．また，正しいとしても常に正しいのか，場合によっては正しくないのかを理解するまでには詳細にデータと対比する必要がある．そのような作業の結果,「P で表される事象 (あるいは状況) が起きると Q も起きる」という関係性の不確実さを条件付き確率で学習するなどが可能となる．さらに，データに直接現れない潜在的な事象やその挙動を発見して，P と Q の背景にあるダイナミクスを理解することも重要である．たとえば，Q が生活を壊滅させる大災害を意味し，P が津波のような破壊性のある事象であるとすれば，津波の原因となった地震活動 R とその引き起こす災害の全体像を把握しなければ防災や復興のための知識を得ることにはならない．さらに，人々が今後強力な防災技術を開発するならば，P, Q, R の関係が変化することもあるかもしれない．このような因果関係の構造そのものの変化についても把握し，その変化のタイミングや原因を分析することができれば，物事の挙動と因果関係，さらにこれを制御しようとする人の意思決定に踏み込んだ知識表現の効果を一層発揮することができるようになる．

本章で述べてきたのは，この例でいえば P, Q, R という 3 者間の因果関係が完全に把握できている場合に，その全体を表して活用するための知識表現の方法であったといえる．その先として次章では，データから知識を自動的に学習する「機械学習」のための理論的枠組みについて示していく．換言すれば，データの背景にある普遍的な関係性と潜在的な挙動の構造を見出す技術の基盤理論であり，本章で述べたような知識表現の上流工程である．

2 知識の学習

本章では知識の学習として，機械学習の基礎について述べる．機械学習とはデータの生成機構 (発生メカニズム) を与えられたデータから推定することである．本章では機械学習とはデータからその発生源の「確率モデル」を推定することであるという立場から解説する．特に，記述長最小原理 (minimum description length (MDL) principle) に立脚して，できるだけ統一的に現代の機械学習技術を整理して紹介する．このような学習の理論は情報論的学習理論と呼ばれている．一方で，データマイニングという分野が存在する．これはデータから有用な知識を抽出するための技術である．機械学習はデータマイニングの中核技術であると位置づけられる．データマイニングのタスクは数多く存在するが，本章では，特に発展の目覚ましい，異常検知，変化検知といったデータマイニング技術について紹介する．

2.1 機械学習とは

本節では機械学習の最も基本となるパラメータ推定と教師あり・なし学習の概念を説明する．

2.1.1 パラメータ推定：最尤推定法

機械学習とは，データからデータの生成機構を推定することである．データの生成機構は決定的な関数または確率分布であるとする．いま，$\mathcal{X}$ をデータのとり得る領域とし，$\mathcal{X}$ 上の変数を X とし，X の生成モデルとして確率分布を考える．つまり，X は $\mathcal{X}$ 上の確率変数であるとする．パラメトリックな確率分布のクラスは $\mathcal{P} = \{p(X^n;\theta) : \theta \in \Theta\}$ $(n = 1, 2, \ldots)$ と書ける．ここに，$X^n = X_1 \ldots, X_n$，θ は確率分布を指定する実数値パラメータであり，Θ はパラメータの存在する空間である．

データから生成機構を推定する一つの手段として，パラメータ推定がある．これは与えられたデータ列を $x^n = x_1, \ldots, x_n$ とするとき，これから，最良の θ を推定することである．パラメータ推定は最も基本的な機械学習のステップである．最良とはどういうことか？については後述するとして，θ を推定する方法として**最尤推定**法を考えよう．これは**尤度関数**を最大化するパラメータを求めることにより θ を推定する方法である．尤度関数とは，与えられたデータの確率値を θ の関数とみなしたものである．しばしば，確率値の対数をとった対数尤度関数が代わりに用いられる．つまり，x^n が与えられたとき，対数尤度関数は

$$L(\theta) = \log p(x^n; \theta)$$

で与えられる．よって，最尤推定法では，θ の推定値として，以下を与える．

$$\hat{\theta} = \underset{\theta \in \Theta}{\operatorname{argmax}} \log p(x^n; \theta).$$

これは θ の最尤推定値と呼ばれる．これを x^n の関数とみなしたとき，**最尤推定量**と呼ばれる．

例 2.1 (Gauss (ガウス) 分布に対する最尤推定量) 1 次元 Gauss 分布

$$p(x; \mu, \sigma^2) = \frac{1}{\sqrt{2\pi}\sigma} \exp\left(-\frac{(x-\mu)^2}{2\sigma^2} \right)$$

を考える．独立なデータの列 $x^n = x_1, \ldots, x_n$ が与えられたときの負の対数尤度は

$$L(\mu, \sigma^2 | x^n) = n \log \sqrt{2\pi}\sigma + \sum_{i=1}^{n} \frac{(x_i - \mu)^2}{2\sigma^2}$$

で与えられるので，これを μ および σ^2 で偏微分して 0 とおくと，

$$\frac{\partial L(\mu, \sigma^2 | x^n)}{\partial \mu} = -\frac{1}{\sigma^2} \sum_{i=1}^{n} (x_i - \mu) = 0,$$

$$\frac{\partial L(\mu, \sigma^2 | x^n)}{\partial \sigma^2} = \frac{n}{2\sigma^2} - \frac{1}{2\sigma^4} \sum_{i=1}^{n} (x_i - \mu)^2 = 0$$

を得る．これを解いて，$\theta = (\mu, \sigma)$ の最尤推定量は以下のように得られる．

$$\hat{\theta} = (\hat{\mu}, \hat{\sigma^2}) = \left(\frac{1}{n} \sum_{i=1}^{n} x_i,\ \frac{1}{n} \sum_{i=1}^{n} (x_i - \hat{\mu})^2 \right).$$

◁

例 2.2 (多変量 Gauss 分布の最尤推定量) $\boldsymbol{x}$ が d 次元実数値ベクトルで与えられる場合の d 次元の Gauss 分布:

$$\frac{1}{(\sqrt{2\pi})^d|\Sigma|^{1/2}}\exp\left(-\frac{(\boldsymbol{x}-\boldsymbol{\mu})^{\mathrm{T}}\Sigma^{-1}(\boldsymbol{x}-\boldsymbol{\mu})}{2}\right) \tag{2.1}$$

を考える．ここに，$\mu\in\boldsymbol{R}^d, \Sigma\in\boldsymbol{R}^{d\times d}$ とする．独立なデータの列 $\boldsymbol{x}^n=\boldsymbol{x}_1,\ldots,\boldsymbol{x}_n$ が与えられたときの尤度関数は

$$\begin{aligned}
p(\boldsymbol{x}^n;\boldsymbol{\mu},\Sigma) &= \frac{1}{(\sqrt{2\pi})^{dn}|\Sigma|^{n/2}}\exp\left(-\frac{\sum_{i=1}^{n}(\boldsymbol{x}_i-\boldsymbol{\mu})^{\mathrm{T}}\Sigma^{-1}(\boldsymbol{x}_i-\boldsymbol{\mu})}{2}\right)\\
&= \frac{1}{(\sqrt{2\pi})^{dn}|\Sigma|^{n/2}}\exp\left(-\frac{n(\bar{\boldsymbol{x}}-\boldsymbol{\mu})^{\mathrm{T}}\Sigma^{-1}(\bar{\boldsymbol{x}}-\boldsymbol{\mu})}{2}\right.\\
&\qquad\left.-\frac{\sum_{i=1}^{n}(\boldsymbol{x}_i-\bar{\boldsymbol{x}})^{\mathrm{T}}\Sigma^{-1}(\boldsymbol{x}_i-\bar{\boldsymbol{x}})}{2}\right)\\
&= \frac{1}{(\sqrt{2\pi})^{dn}|\Sigma|^{n/2}}\exp\left(-\frac{n(\bar{\boldsymbol{x}}-\boldsymbol{\mu})^{\mathrm{T}}\Sigma^{-1}(\bar{\boldsymbol{x}}-\boldsymbol{\mu})}{2}-\frac{\mathrm{tr}(\Sigma^{-1}S)}{2}\right)
\end{aligned}$$

で与えられる．ここに，

$$\bar{\boldsymbol{x}}\overset{\mathrm{def}}{=}\frac{1}{n}\sum_{i=1}^{n}x_i,\quad S\overset{\mathrm{def}}{=}\sum_{i=1}^{n}(\boldsymbol{x}_i-\bar{\boldsymbol{x}})(\boldsymbol{x}_i-\bar{\boldsymbol{x}})^{\mathrm{T}}$$

である．よって，負の対数尤度は，定数項を除くと

$$-\frac{n}{2}\log|\Sigma|^{-1}+\frac{n(\bar{\boldsymbol{x}}-\boldsymbol{\mu})^{\mathrm{T}}\Sigma^{-1}(\bar{\boldsymbol{x}}-\boldsymbol{\mu})}{2}+\frac{\mathrm{tr}(\Sigma^{-1}S)}{2}. \tag{2.2}$$

そこで，式 (2.2) を $\boldsymbol{\mu}$ に関して偏微分して 0 とし，$\boldsymbol{\mu}$ について解くと，

$$\hat{\boldsymbol{\mu}}=\bar{\boldsymbol{x}} \tag{2.3}$$

を得る．また，$\Sigma=(\sigma_{kl})$, $\Sigma^{-1}=(\sigma^{kl})$ と書くとし，$\bar{\boldsymbol{x}}_k,\boldsymbol{\mu}_k$ は $\bar{\boldsymbol{x}},\boldsymbol{\mu}$ の第 k 成分だけを取り出したものとし，S_{kl} は S の第 (k,l) 成分を表すとすると，式 (2.2) は以下のように書き直せる．

$$-\frac{n}{2}\log|(\sigma^{kl})|+\frac{1}{2}\sum_{k=1}^{d}\sum_{l=1}^{d}(S_{kl}+n(\bar{\boldsymbol{x}}_k-\boldsymbol{\mu}_k)(\bar{\boldsymbol{x}}_l-\boldsymbol{\mu}_l))\,\sigma^{kl}.$$

ここで，σ^{kl} について偏微分して 0 とおくと，

$$\frac{n}{|(\sigma^{kl})|}\frac{\partial|(\sigma^{kl})|}{\partial\sigma^{kl}} = S_{kl} + n(\bar{\boldsymbol{x}}_k - \boldsymbol{\mu}_k)(\bar{\boldsymbol{x}}_l - \boldsymbol{\mu}_l).$$

ここで，左辺の $\partial|(\sigma^{kl})|/\partial\sigma^{kl}$ は (σ^{kl}) における σ^{kl} の余因子であるから，$n\sigma_{kl}$ に等しく，μ として式 (2.3) の最尤推定値を代入すると，結局，

$$n\hat{\sigma}_{kl} = S_{kl} \tag{2.4}$$

を得る．結局，式 (2.3) と式 (2.4) をまとめて，$\boldsymbol{\mu}$ と Σ の最尤推定量は以下のように求められる．

$$\hat{\boldsymbol{\mu}} = \frac{1}{n}\sum_{i=1}^{n}\boldsymbol{x}_i, \quad \hat{\Sigma} = \frac{1}{n}\sum_{i=1}^{n}(\boldsymbol{x}_i - \bar{\boldsymbol{x}})(\boldsymbol{x}_i - \bar{\boldsymbol{x}})^{\mathrm{T}}.$$

◁

最尤推定量はよい推定量であることが知られている．その理由は以下の性質があるからである．

定理 2.1 (最尤推定量の一致性) θ を真のパラメータとする同一分布から発生されたデータ列を $x^n = x_1, \ldots, x_n$ とするとき，x^n からの θ の最尤推定量を $\hat{\theta}(x^n)$ とし，分布クラスに関するある正則条件のもとで，任意の $\epsilon > 0$ について，次式が成り立つ．

$$\lim_{n\to\infty} Prob\left[||\hat{\theta}(x^n) - \theta|| > \epsilon\right] = 0. \tag{2.5}$$

ここで，$||\cdot||$ は自乗ノルム $||\theta|| = \sqrt{\theta^{\mathrm{T}}\theta}$ を表す．これを最尤推定量の**一致性**と呼ぶ．　◁

一致性は一般に大数の法則から導かれる．

定理 2.2 (最尤推定量の漸近正規性および有効性) 定理 2.1 と同様な仮定のもとで，分布クラスに関するある正則条件のもとで，$\sqrt{n}(\hat{\theta} - \theta)$ の分布は $n \to \infty$ につれ，平均 0，分散共分散行列が $I^{-1}(\theta)$ である Gauss 分布 $\mathcal{N}(0, I^{-1}(\theta))$ に近づく．ここに，$I(\theta)$ は以下で求められる **Fisher (フィッシャー) 情報行列**である．行列 $I(\theta)$ の (i,j) 番目の要素を $I(\theta)_{i,j}$ と書くと，

$$I(\theta)_{i,j} \stackrel{\mathrm{def}}{=} \lim_{n\to\infty}\frac{1}{n}E_\theta\left[-\frac{\partial^2 \log p(X^n;\theta)}{\partial\theta_i\partial\theta_j}\right].$$

ここに，E_θ は $p(X^n;\theta)$ に関する期待値を表す．これを最尤推定量の**漸近正規性**と呼ぶ．漸近正規性は一般に中心極限定理から導かれる． ◁

特に，$\hat{\theta}$ が**不偏推定量**であるとき，つまり，$E[\hat{\theta}(X^n)] = \theta$ であるとき，分散は Cramer–Rao (クラメル–ラオ) の不等式の下限を達成する．これを**有効性**と呼ぶ．**Cramer–Rao の不等式**とは，θ の任意の推定量 $\hat{\theta}$ の分散共分散行列を Σ とすると，次式が成り立つことを意味する．

$$\Sigma - I^{-1}(\theta) \geq 0.$$

ここで，上記不等式は左辺が半正値対称行列であることを意味する．

定理 2.1 と定理 2.2 の詳細ならびに証明などは統計学の教科書，たとえば文献 [31] を参照されたい．

2.1.2 パラメータ推定：Bayes 推定法

最尤推定に代わるもう一つのパラメータ推定法として Bayes (ベイズ) 推定法を示そう．パラメータ空間 Θ 上に確率密度関数 $p(\theta)$ を仮定する．$p(\theta)$ のことを θ の事前分布と呼ぶ．観測データ列が与えられたときの θ の事後確率 $p(\theta|x^n)$ は以下の **Bayes の定理**によって求められる．

定理 2.3 (Bayes の定理)

$$p(\theta|x^n) = \frac{p(x^n;\theta)p(\theta)}{\int_\Theta p(x^n;\theta')p(\theta')d\theta'} \tag{2.6}$$

θ の推定値として，事後確率を最大にするような θ を与える方法も考えられる．これを **MAP (maximum a posteriori) 推定**と呼ぶ．式 (2.6) の両辺の対数をとると，

$$\log p(\theta|x^n) = \{\log p(x^n;\theta) + \log p(\theta)\} - \log \int_\Theta p(x^n;\theta')p(\theta')d\theta' \tag{2.7}$$

となるが，最後の項は θ によらないので無視すると，MAP 推定とは，

$$-\log p(x^n;\theta) - \log p(\theta) \tag{2.8}$$

を最小化にすることに等価である．特に，事前分布を

$$p(\theta) \propto \exp(-\lambda f(\theta))$$

の形式のものにすると，式 (2.8) は

$$-\log p(x^n;\theta) + \lambda f(\theta)$$

となるので，MAP 推定はこれを θ に関して最小化するプロセスとして与えられる．これは，一般に θ に関する**正則化**と呼ばれる．特に，$f(\theta) = ||\theta||_1$ (L_1 ノルム) とおいたとき，MAP 推定は L_1 正則化，$f(\theta) = ||\theta||_2$ (L_2 ノルム) とおいたとき，L_2 正則化と呼ばれる．ここで，$\theta = (\theta_1, \ldots, \theta_k)$ を k 次元ベクトルであるとすると，L_1 ノルムは次式で定義される量である．

$$||\theta||_1 = \sum_{i=1}^{k} |\theta_i|.$$

また，L_2 ノルムは次式で定義される量である．

$$||\theta||_2 = \sum_{i=1}^{k} |\theta_i|^2.$$

つまり，正則化は，単純に尤度を最大化するだけでなく，$f(\theta)$ をも同時に小さくなるように θ を選んでいるといえる．特に，L_1 正則化の場合では，$||\theta||_1$ が小さくなるように，すなわち，非ゼロの要素の数をできるだけ少なくしつつ，尤度を大きくするような θ を選んでいるので，これは**スパース正則化**と呼ばれる．

また，θ の **Bayes 推定量**を

$$\hat{\theta} = \int_{\Theta} \theta p(\theta|x^n) d\theta$$

として定義する．　$\triangleleft$

以下，例を示す．

例 2.3 (離散分布に対する最尤推定量と Bayes 推定量) $\mathcal{X} = \{0, 1, \ldots, m\}$ を有限集合とし，$p(X = i) = \theta_i$ $(i = 0, \ldots, m)$, $\theta = (\theta_0, \ldots, \theta_m)$ をパラメータベクトルとする確率分布のクラスを**離散分布**と呼ぶ．これを $\mathcal{P}_{\mathrm{Dis}}$ と記す．パラメータ空間

を $\Theta = \{\theta = (\theta_0, \ldots, \theta_m) : \sum_{i=0}^{m} \theta_i = 1,\ \theta_i \geq 0\}$ とする．特に，$m = 1$ の場合は，**Bernoulli (ベルヌーイ) モデル**と呼ばれる．

まず，独立なデータの列 $x^n = x_1, \ldots, x_n$ が与えられたときに，θ の最尤推定量を求めよう．$X = i$ である個数を n_i $(i = 0, \ldots, m)$ であるとすると，離散分布の負の対数尤度は次式のように計算できる．

$$-\log \prod_{i=0}^{m} \theta_i^{n_i} = n \left\{ H\left(\frac{n_0}{n}, \ldots, \frac{n_m}{n}\right) + D\left(\left\{\frac{n_i}{n}\right\} || \{\theta_i\}\right) \right\}. \tag{2.9}$$

ここに，

$$H(z_0, \ldots, z_m) \stackrel{\text{def}}{=} -\sum_{i=0}^{m} z_i \log z_i,$$
$$D(\{z_i\} || \{w_i\}) \stackrel{\text{def}}{=} \sum_{i=0}^{m} z_i \log \frac{z_i}{w_i}$$

である．$H(z_0, \ldots, z_m)$ は確率分布 $\{z_i\}$ の**エントロピー**，$D(\{z_i\}||\{w_i\})$ は確率分布 $\{z_i\}$ と $\{w_i\}$ の **Kullback–Leibler (カルバック–ライブラー) のダイバージェンス**と呼ばれる (以下，KL ダイバージェンスと記す)．

KL ダイバージェンスは，$D(\{z_i\}||\{w_i\}) \geq 0$ であり，$D(\{z_i\}||\{w_i\}) = 0$ となるのは，$z_i = w_i$ $(i = 0, \ldots, m)$ のときに限るという性質がある．これにより，式 (2.9) が最小になるときの θ を $\hat{\theta}$ とすると，

$$\hat{\theta}_i = \frac{n_i}{n} \quad (i = 0, \ldots, m) \tag{2.10}$$

であることがわかる．よって，$\hat{\theta} = (\hat{\theta}_0, \ldots, \hat{\theta}_m)$ が θ の最尤推定値である．

次に，Bayes 推定量を求めよう．いま，θ の事前分布として，**Dirichlet (ディリクレ) 分布**を用いる．これは確率密度関数が，$\alpha_0, \ldots, \alpha_m$ を与えられた数として，

$$\pi(\theta) = \frac{\theta_0^{\alpha_0 - 1} \cdots \theta_m^{\alpha_m - 1}}{D(\alpha_0, \ldots, \alpha_m)} \tag{2.11}$$

で与えられる確率分布である．ここに，

$$D(z_0, \ldots, z_m) = \int_{\theta \in \Theta_m} \theta_0^{z_0 - 1} \cdots \theta_m^{z_m - 1} d\theta_0 \cdots d\theta_m$$
$$= \frac{\Gamma(z_0) \cdots \Gamma(z_m)}{\Gamma(z_0 + \cdots + z_m)}$$

である．

$x^n = x_1, \ldots, x_n$ を与えられたデータとして，その中で $X = i$ である個数を n_i とすれば，事後確率の密度関数は次式で与えられる．

$$p(\theta|x^n) = \frac{\theta_0^{n_0+\alpha_0-1} \cdots \theta_m^{n_m+\alpha_m-1}}{D(n_0+\alpha_0, \ldots, n_m+\alpha_m)} \tag{2.12}$$

$\Gamma(x) = \int_0^\infty e^{-t}t^{x-1}dt$ はガンマ関数であり，任意の正整数 m に対して，

$$\Gamma(m) = (m-1)!, \quad \Gamma(m+1/2) = \frac{1 \cdot 3 \cdot 5 \cdots (2m-1)}{2^m}\sqrt{\pi}$$

である．よって，Bayes 推定量は以下のように計算できる．

$$\begin{aligned} \hat{\theta}_i &= \int \theta_i p(\theta|x^n) d\theta_0 \cdots d\theta_m \\ &= \frac{n_i + \alpha_i}{n + \sum_{i=0}^{m} \alpha_i}. \end{aligned} \tag{2.13}$$

特に，$m = 1$ で $\alpha_0 = \alpha_1 = 1/2$ としたとき，事前分布は

$$\pi(\theta) = \frac{1}{\pi\sqrt{\theta(1-\theta)}}$$

で与えられる．これを **Jeffreys (ジェフリーズ) の事前分布**と呼ぶ．これに対して，Bayes 推定量は

$$\hat{\theta}_1 = \frac{n_1 + 1/2}{n+1} \tag{2.14}$$

で与えられる．これを特に，**Krichevsky (クリチェフスキー) と Trofimov (トロフィモフ) の推定量**と呼ぶ．　◁

上記のようにさまざまな推定値が得られるが，いずれも尤度ないしは Bayes 事後確率を最大化することにより得られる．このように，ひとたび θ の推定値が求まれば，これを利用して未知のデータ X の分布を予測することができる．過去のデータ x^n が与えられたとき，X の**予測分布**を $p(X|x^n)$ と書くとき，

$$p(X|x^n) = p(X; \hat{\theta}) \tag{2.15}$$

とすることができる．ここに，$\hat{\theta}$ は x^n からの何らかの推定量である．これは単にパラメータ値に x^n からの推定量を代入しただけなので，**プラグイン予測分布**とも呼ばれる．また，X の予測分布は以下のように求めることもできる．

$$p(X|x^n) = \int_{\Theta} p(X;\theta)p(\theta|x^n)d\theta. \tag{2.16}$$

これは，θ について，x^n が与えられたときの事後確率で分布を周辺化したものである．これを **Bayes 予測分布**と呼ぶ．

2.1.3 教師あり学習と教師なし学習

これまでは，確率変数 X の観測値が与えられ，X の確率分布 $p(X)$ を推定する問題を考えてきた．この問題は**密度推定**と呼ばれ，また，**教師なし学習**とも呼ばれている．教師なし学習は，混合モデルという特殊なモデルを用いた場合には，後述するクラスタリングの問題に等価である．

一方で，観測値が X と Y の二つの確率変数の対の観測データ $(x_1, y_1),\ldots,(x_n, y_n)$ が与えられたとし，X が与えられたときの Y の条件付き確率分布 $P(Y|X)$ を推定する問題を考える．統計学では X を説明変数，Y を目的変数と呼び，本問題は**回帰**分析として扱われている．機械学習では，X を属性ベクトル，Y を教師情報と呼び，本問題は**教師あり学習**と呼ばれている．特に，Y の値が有限集合に値をもつとき，Y をラベルと呼び，本問題は**分類学習**として扱われる．つまり，Y の値は X についたラベルであるとみなし，分類学習では，X に確率的にラベルを振り分ける (分類する) 条件付き確率を推定する問題として考える．

前節では教師なし学習の設定において，パラメータの最尤推定，MAP 推定，正則化，Bayes 推定などを論じたが，これはそっくりそのまま教師あり学習の設定にも展開できる．つまり，条件付き確率分布のクラス $p = \{P(Y|X;\theta) : \theta \in \Theta\}$ を考え，$(x_1, y_1), \ldots, (x_n, y_n)$ が与えられたもとで，$x^n = x_1, \ldots, x_n$, $y^n = y_1, \ldots, y_n$ と書くとき，θ の最尤推定値は以下で与えられる．

$$\hat{\theta} = \underset{\theta \in \Theta}{\operatorname{argmax}}\, p(y^n|x^n;\theta).$$

ここで，(x_i, y_i) $(i = 1, \ldots, n)$ が互いに独立なときは $p(y^n|x^n;\theta) = \prod_{i=1}^n p(y_i|x_i;\theta)$ で与えられる．同様に，MAP 推定量は前節と同じ記号のもとで

$$\hat{\theta} = \underset{\theta \in \Theta}{\operatorname{argmin}}\{-\log p(y^n|x^n;\theta) + \lambda f(\theta)\}$$

として与えられる．Bayes 推定量も同様である．

例 2.4 (線形回帰モデルの最尤推定量と Bayes 推定量) いま，d を正整数，$\mathcal{X} = \boldsymbol{R}^d$，$\mathcal{Y} = \boldsymbol{R}$ として，$\theta \in \boldsymbol{R}^d$ をパラメータベクトルとする．**線形回帰モデル**とは，以下の条件付き確率分布で指定されるモデルである．

$$p(Y|X;\theta,\sigma^2) = \frac{1}{\sqrt{2\pi}\sigma}\exp\left(-\frac{(Y-\theta^{\mathrm{T}}X)^2}{2\sigma^2}\right).$$

訓練データ $(x_1, y_1), \ldots, (x_n.y_n) \in (\mathcal{X}\times\mathcal{Y})^n$ が与えられたとき，θ および σ^2 の最尤推定値を求めるために，負の対数尤度を求めると，

$$\frac{1}{2\sigma^2}\sum_{t=1}^{n}(y_t-\theta^{\mathrm{T}}x_t)^2 + n\log\left(\sqrt{2\pi}\sigma\right) \tag{2.17}$$

であるから，θ の推定値 $\hat{\theta}$ は，

$$\sum_{t=1}^{n}(y_t-\theta^{\mathrm{T}}x_t)^2 \Longrightarrow \min \ \text{ w.r.t. } \theta \tag{2.18}$$

の解として得られる．ここで，w.r.t. は with respect to の意味であり，min w.r.t. θ は θ に関する最小化を意味する．そこで，$\boldsymbol{X} = (x_1, \ldots, x_n)^{\mathrm{T}}$, $\boldsymbol{y} = (y_1, \ldots, y_n)^{\mathrm{T}}$ と記すと，式 (2.18) の左辺は

$$(\boldsymbol{y} - \boldsymbol{X}\theta)^{\mathrm{T}}(\boldsymbol{y} - \boldsymbol{X}\theta)$$

と表されるから，これを θ に関して微分してゼロとおくことにより，以下の**正規方程式**と呼ばれる方程式が得られる．

$$\boldsymbol{X}^{\mathrm{T}}\boldsymbol{y} = \boldsymbol{X}^{\mathrm{T}}\boldsymbol{X}\theta$$

これを解くことにより，

$$\hat{\theta} = (\boldsymbol{X}^{\mathrm{T}}\boldsymbol{X})^{-1}\boldsymbol{X}^{\mathrm{T}}\boldsymbol{y}$$

が得られる．また，σ^2 の最尤推定値 $\hat{\sigma}^2$ は式 (2.17) を σ^2 で微分してゼロにおくことにより，これを解いて

$$\hat{\sigma}^2 = \frac{1}{n}\sum_{t=1}^{n}(y_t - \hat{\theta}^{\mathrm{T}}x_t)^2$$

として得られる．

さらに，$\lambda > 0$ として，θ の複雑さにペナルティ項 $R(\theta)$ を加えて，以下の正則化問題を考える．

$$\sum_{t=1}^{n}(y_t - \theta^T x_t)^2 + \lambda R(\theta) \Longrightarrow \min \ \text{w.r.t.}\ \theta. \tag{2.19}$$

特に，$R(\theta)$ として，L_2 ノルム

$$R(\theta) = ||\theta||_2 = \sum_{i=1}^{d}\theta_i^2.$$

とした場合について，θ の MAP 推定量 $\hat{\theta}$ は陽に解くことができて，

$$\hat{\theta} = (\boldsymbol{X}^{\mathrm{T}}\boldsymbol{X} + \lambda I)^{-1}\boldsymbol{X}^{\mathrm{T}}\boldsymbol{y}$$

として得られる．しかし，他の正則化項については必ずしも陽に解くことはできない．一方で，式 (2.19) を解くことは，$\lambda > 0$ に対して，ある $B > 0$ が存在して，以下の条件付き最適化問題を解くことに等価である．

$$\sum_{t=1}^{n}(y_t - \theta^T x_t)^2 \Longrightarrow \min \ \text{w.r.t.}\ \theta,$$
$$\text{subject to} \quad R(\theta) \leq B.$$

このような問題は数値的に解くことが求められる．

正則化項を $R(\theta) = \sum_{i=1}^{d} |\theta_i|^s \ (s = 1, 2, \ldots)$ とし，$s = 1$ とした L_1 正則化アルゴリズムは **LASSO** と呼ばれる．これによってスパースな解 (非零要素が少ない解) を得ることができる．

また，正則化問題でよく用いられる**ロジスティック回帰モデル**を取り上げよう．d を正整数として，$\mathcal{X} = [-1, 1]^d$, $\mathcal{Y} = \{0, 1\}$ とする．$x_i = (x_{i1}, \ldots, x_{id}) \in \mathcal{X}$ とし，$x_{id} = 1$ であるとする．$\theta \in \boldsymbol{R}^d$ をパラメータベクトルとして，ロジスティック回帰モデルは以下で与えられる．

$$P(Y = 1|X; \theta) = \frac{1}{1 + \exp(-\theta^{\mathrm{T}} X)}.$$

これは線形回帰から $\{0, 1\}$ のラベルを確率的に付与する確率値を与える．訓練データ $(x_1, y_1), \ldots, (x_n, y_n) \in (\mathcal{X} \times \mathcal{Y})^n$ が与えられたときに，以下を最小化するような θ を求めることを**正則化ロジスティック回帰**と呼ぶ．

$$-\sum_{t=1}^{n}\log P(y_t|x_t; \theta) + \lambda R(\theta) \Longrightarrow \min \ \text{w.r.t.}\ \theta.$$

ここで，$R(\theta)$ は正則化項である．これについても L_1 ノルムを用いることによりスパースな解を得る． ◁

2.2 モデル選択

2.2.1 情報量規準

いま，確率分布が実数値パラメータ θ のみならず，これを規定する構造的情報 M によって指定されているようなクラスを考える．これを

$$\mathcal{P} = \bigcup_{M\in\mathcal{M}}\mathcal{P}_M,$$
$$\mathcal{P}_M = \{p(X;\theta,M) : \theta\in\Theta_M\}.$$

と記す．ここに，Θ_M は M に付随するパラメータ空間であり，$\mathcal{M}$ は M の取り得る全体の可算集合を表す．M はたとえば，θ の次元であったり，$\mathcal{X}$ の分割構造であったりする．このような構造的情報 M を以下，**モデル**と呼ぶことにする．以下，簡単のため，M のパラメータの次元を k と表す．$\mathcal{P}$ はパラメータの値のみならず，その次元も変わり得る確率分布の全体を示す．そこで，データから θ のみならず，最良な M を決定する問題を**モデル選択**と呼ぶ．モデル選択は機械学習問題の最も本質的な問題である (注意：パラメータの次元 k そのものをモデルということもあるが，一般にモデルとはパラメータの次元よりも広い概念である．クラスタリングの場合を考えると，たとえば，パラメータの次元はクラスター数に比例するが，同一のパラメータ次元をもっているからといって必ずしも同一のクラスター構造を与えない)．

モデル選択を行うために，M に関する最適化規準を設定し，これを最大または最小ならしめる M を選択するといった戦略をとるのが通常である．このときの最適化規準は**情報量規準** と呼ばれる．典型的な情報量規準としては，AIC (Akaike's information criteria)[1] や BIC (Bayesian information criteria)[23] が存在する．

M がパラメータの次元 k を表すときの AIC と BIC の表式を以下に与えよう．データ列 x^n に対して **AIC** は以下のような情報量規準として与えられる．

$$-\log p(x^n;\hat{\theta}(x^n),k)+k. \tag{2.20}$$

これを k に関して最小にする $\hat{k}$ を最良とみなして選択する．ここで，$\hat{\theta}(x^n)$ は θ の x^n からの最尤推定量である．AIC は期待平均対数尤度の不偏推定量として導出されたものである[30]．期待平均対数尤度とは，X と x^n をそれぞれテストデータ，訓練データと区別したうえで，

$$nE_X E_{x^n}[-\log p(X;\hat{\theta}(x^n),k)] \tag{2.21}$$

として定義される量である．ここに，$\hat{\theta}(x^n)$ は訓練データ x^n からの最尤推定量とし，データの発生分布を $p(X;\theta^*,k^*)$ として，E_X は X の真の分布に関してとられる平均であり，E_{x^n} は観測データ x^n の真の分布に関してとられる平均である．ここで，$-\log p(X;\hat{\theta}(x^n),k)$ は Z の発生確率を $p(Z;\hat{\theta}(x^n),k)$ として予測し，その結果，正解が $Z=X$ であったときの**対数損失**を表す．期待平均対数尤度とは，対数損失をテストデータと訓練データの両方で平均化した量である．これは，真の分布に関する平均として計算されるので，真の分布が実際には未知である状況では計算できない量である．そこで，平均が真のものと一致する推定量 (不偏推定量) を用いて，訓練データ x^n だけから期待平均対数損失を推定した量が AIC である．AIC によるモデル選択は，その定義から，期待平均対数尤度の不偏推定量の最小を達成するモデルを選択する．しかし，データを実際に発生させる k を k^* とするとき，AIC で選ばれた $\hat{k}$ は n を大きくしても漸近的には k^* に一致しないということが知られている．

BIC は次式で与えられる情報量規準である．

$$-\log p(x^n;\hat{\theta}(x^n),k)+\frac{k}{2}\log n. \tag{2.22}$$

これを k に関して最小にする $\hat{k}$ を最良とみなして選択する．ここで，$\hat{\theta}(x^n)$ は θ の x^n からの最尤推定量である．BIC は Bayes の周辺尤度の対数損失を漸近展開して得られたものである．Bayes の周辺尤度の対数損失とは，$\pi(\theta)$ を θ の事前分布として，x^n が与えられたとき，以下で定義される量である．

$$-\log\int p(x^n;\theta,k)\pi(\theta)d\theta. \tag{2.23}$$

ここで，積分を $\hat{\theta}(x^n)$ のまわりで Laplace (ラプラス) 近似と呼ばれる積分の Gauss 積分近似を行うと式 (2.22) が得られる．

さらに，Rissanen (リッサネン) が創始した**記述長最小原理** (MDL 原理)[16–19] の立場から，**MDL 規準**と呼ばれる規準が存在する．これは

$$x^n \text{を自身を含めて最も短く記述できる } k \tag{2.24}$$

を最良とみなし，これを選択する規準である．ここで，記述という言葉が登場しているが，これは正確にはデータを符号化するということに相当する．符号化とは何か？について正確な定義は次節に与えるが，先に MDL 規準の表式を与えよう．

$$-\log p(x^n;\hat{\theta}(x^n),k)+\log\sum_{X^n}p(X^n;\hat{\theta}(X^n),k)+l(k). \tag{2.25}$$

MDL 規準はこれを最小にする M を最良なモデルとみなして選択する．ここに，$\hat{\theta}(x^n)$ は θ の x^n からの最尤推定値であり，$l(k)$ は $\sum_k e^{-l(k)} \leq 1$ かつ $l(k) \geq 0$ を満たす k の関数であり，和は k のとり得る範囲すべてを渡るとする (注意：これは k の符号長であり，詳しくは次節に説明する)．

本書は MDL 原理を主軸に展開する．なぜなら，MDL 規準は符号長を最小化するという，明快なデータ圧縮の原理をもとに構築されており，その普遍性ゆえに，一括型であろうが逐次型であろうが，また，定常過程であろうが非定常過程であろうが，他にもさまざまな学習の局面に対して適用できる考え方であるからである．さらに，MDL 規準そのものが AIC では損なわれていた一致性という性質をもつとともに，ミニマックス的な最適性，迅速な収束性など，さまざまな良好な性質をもつことが知られている．このことが MDL 規準の有効性の根拠となっている．MDL 原理をもとに統一的に構成された学習理論は**情報論的学習理論**と呼ばれる．詳しくは文献[33, 35]を参照されたい．

2.2.2　符号，情報，確率

本項では，符号，情報，確率という三つの概念が有機的に絡み合うことを示す．これによって，後に MDL 原理がある種の必然性をもっていることが示されるのである．符号化に関する詳細な議論は情報理論の基礎的な教科書[4]を参照されたい．ここでは必要最小限の基礎事項のみを記載する．

符号化とはデータ空間 $\mathcal{X}$ から $\{0,1\}$ 上の系列集合 (これを $\{0,1\}^*$ と記す) への写像である．これを ϕ と記す．ただし，任意の $x \neq y$ に対して，$\phi(x)$ が $\phi(y)$ の語頭 (左端から数えた系列) になることはない，という仮定をおく．このような性質をもつ符号化を**語頭符号化**という．ϕ が語頭符号化であるための必要十分条件は以下のように与えられる．ただし，以下の議論では，簡単のため，$\mathcal{X}$ は可算空間であるとする．

定理 2.4 (Kraft (クラフト) の不等式)[4] $l(x)$ を $\phi(x)$ の長さとするとき，ϕ が語頭符号化であるための必要十分条件は次式が成り立つことである．

$$\sum_{x \in \mathcal{X}} 2^{-l(x)} \leq 1. \tag{2.26}$$

式 (2.26) は **Kraft の不等式**と呼ばれる．

Kraft の不等式において，

$$p(x) = 2^{-l(x)} \tag{2.27}$$

とおくと，これは

$$\sum_{x \in \mathcal{X}} p(x) \leq 1,\ p(x) \geq 0 \tag{2.28}$$

を満たすことがわかる．このような $p(x)$ を $\mathcal{X}$ 上の**劣確率分布**と呼ぶ．また，劣確率分布 $p(x)$ が与えられたときには，

$$l(x) = \lceil -\log p(x) \rceil \tag{2.29}$$

とおいた量は Kraft の不等式 (2.26) を満たす．ここに，$\lceil \cdot \rceil$ は $\cdot$ より小さくない最小の整数を表す．以下では，対数の底は 2 として扱うが，自然対数を用いて議論してもよい．その際，Kraft の不等式 (2.26) は以下で置き換えられる．

$$\sum_{x \in \mathcal{X}} e^{-l(x)} \leq 1.$$

つまり，語頭符号化の符号長と (劣) 確率分布は式 (2.26) および式 (2.29) の関係でつながり，よってこれらは表裏一体の関係があることがわかる．ここで，劣確率分布に対しては，ダミーの x を設定して $1 - \sum_x p(x)$ の確率を割り付ければ，確率分布を構成できるので，以下，一般性を失うことなく通常の確率分布として扱う．

そこで，以下，符号化およびその符号長を考えるとき，何かの確率分布 p を用いて，式 (2.29) の形で与えられるとしてよい．ただし，符号長としてはできるだけ短いものを考えたい．符号長については，データの真の分布を p とするとき，平均符号長の下限は以下のように与えられることが知られている．ただし，簡単のため，符号長が整数であることを無視している．

定理 2.5 (平均符号長の下限)[4] データが独立に真の確率分布 p に従って生成されているとき，任意の語頭符号長関数 $\mathcal{L}(x)$ に対して，次式が成り立つ．

$$E[\mathcal{L}(X)] \geq H(p). \tag{2.30}$$

ここに，$H(p) = -\sum_{X \in \mathcal{X}} p(X) \log p(X)$ である．

(証明) 任意の語頭符号長関数 $\mathcal{L}(X)$ に対して，劣確率分布 $q(x)$ が存在して，$\mathcal{L}(X) = -\log q(X)$ と書けるので，次式が成立する．

$$E[\mathcal{L}(X)] = H(p) + D(p||q).$$

ここに，$H(p) = E[-\log p(x)]$ であり，$D(p||q) = E[\log(p(X)/q(X))]$ である．一般に，

$$\log(1/x) \geq (\log e)(1-x)\ (x > 0)$$

が成立し，等号は $x = 1$ の場合のみに成り立つことを用いると，次式が成立する．

$$\begin{aligned} D(p||q) &= E\left[\log \frac{p(X)}{q(X)}\right] \\ &= (\log e)\left(1 - \sum_X q(X)\right) \\ &\geq 0. \end{aligned}$$

等号成立は $p = q$ のときに限る．■

上の定理は，真の分布 p がわかっているときは，各 x を

$$\mathcal{L}(x) = -\log p(x) \tag{2.31}$$

の長さで符号化すれば平均最短の符号長が達成できることを示している．式 (2.31) で与えられる量は x の p に対する **Shannon** (シャノン) **情報量**と呼ばれる．なお，定理 2.5 はデータの発生が独立でない場合に対しても容易に拡張できる．

2.2.3 確率的コンプレキシティ

与えられた確率分布のクラス $\mathcal{P} = \{p(X;\theta, M) : \theta \in \Theta_M,\ M \in \mathcal{M}\}$ を用いて，できるだけ短い符号長を達成したい．以下，モデル M は必ずしもパラメータの次元を表すとは限らない一般的な場合を考える．この場合，モデル M を固定すると，与えられたデータ列 $x^n = x_1, \ldots, x_n \in \mathcal{X}^n$ に対しては，

$$\min_{\theta \in \Theta}\{-\log p(x^n;\theta, M)\} = -\log p(x^n;\hat{\theta}(x^n), M) \tag{2.32}$$

であるから，結局，最尤推定は，与えられたパラメトリックなクラスの中で最も記述を小さくするようなパラメータを求めることに等価である．ただし，ここで

注意したいのは，式 (2.32) の符号長で語頭符号化することはできないという事実である．なぜなら，$\hat{\theta}(X^n)$ は各 x^n に対して尤度が最大になるように選ばれているので，

$$\sum_{X^n} p(X^n; \hat{\theta}(X^n), M) > 1 \tag{2.33}$$

が成り立ち，$p(X^n; \hat{\theta}(X^n), M)$ は $\mathcal{X}^n$ 上の確率分布をなさないからである．そこで，式 (2.33) の左辺の値で $p(x^n; \hat{\theta}(x^n), M)$ を正規化することにより，

$$p_{\mathrm{NML}}(x^n) = \frac{p(x^n; \hat{\theta}(x^n), M)}{\sum_{X^n} p(X^n; \hat{\theta}(X^n), M)} \tag{2.34}$$

とすれば，これは $\mathcal{X}^n$ 上の確率分布をなす．これを**正規化最尤分布**と呼ぶ．この分布に対して符号化を行うことにより，x^n を

$$\begin{aligned} & -\log \frac{p(x^n; \hat{\theta}(x^n), M)}{\sum_{X^n} p(X^n; \hat{\theta}(X^n), M)} \\ & = -\log p(x^n; \hat{\theta}(x^n), M) + \log \sum_{X^n} p(X^n; \hat{\theta}(X^n), M) \end{aligned} \tag{2.35}$$

の符号長で符号化できることになる．式 (2.35) の符号長を**正規化最尤符号長** (normalized maximum likelihood codelength：NML 符号長) と呼ぶ．

正規化最尤符号長は，以下のミニマックスリグレットの意味で最適な符号長であるという性質をもっている．

定理 2.6 (正規化最尤分布のミニマックスリグレット最適性)

$$p_{\mathrm{NML}}(X^n) = \operatorname*{argmin}_{q} \max_{x^n \in \mathcal{X}^n} \left\{ -\log q(x^n) - \min_{\theta \in \Theta}(-\log p(x^n; \theta, M)) \right\} \tag{2.36}$$

が成り立つ．ここに，$\min_{q}$ は確率分布全体に渡る．

(証明)

$$R_n(q) = \max_{x^n \in \mathcal{X}^n} \left\{ -\log q(x^n) - \min_{\theta \in \Theta}(-\log p(x^n; \theta, M)) \right\}$$

と置く．$R_n(q)$ の最小を与える分布を $q = p^*$ とすると，$p^* \neq p_{\mathrm{NML}}$ ならば，ある x^n が存在して，$p_{\mathrm{NML}}(x^n) > p^*(x^n)$ が成り立つから，そのような x^n に対して次

式が成立する．

$$
\begin{aligned}
R_n(p^*) &\geq -\log p^*(x^n) - \min_{\theta\in\Theta}(-\log p(x^n;\theta,M)) \\
&> -\log p_{\mathrm{NML}}(x^n) - \min_{\theta\in\Theta}(-\log p(x^n;\theta,M)) \\
&= \log\sum_{x^n}\max_{\theta\in\Theta} p(x^n;\theta,M) \\
&= R_n(p_{\mathrm{NML}}).
\end{aligned}
$$

これは p^* が R_n の最小を達成するという仮定に矛盾する．よって，$p^* = p_{\mathrm{NML}}$ である． ■

式 (2.36) の右辺に現れる min-max された量を**ミニマックスリグレット**と呼ぶ．これは任意の確率分布 $q(X^n)$ をもってきたときに，これに基づく符号長が θ に関する対数損失の最小値に比べてどの程度大きくなるかということを x^n について最大値を評価し，q について最小値を評価した値である．この最小を達成する確率分布が正規化最尤分布であることを意味している．また，正規化最尤符号長はそのような分布に基づく符号長である．この意味で NML 符号長はミニマックス最適性をもっている．

$\mathcal{P}$ の中で M を固定した部分集合を $\mathcal{P}_M$ と記す．

NML 符号長 (2.35) は，M を固定したもとで，データ列 x^n の $\mathcal{P}_M$ に対する**確率的コンプレキシティ**と呼ばれる．これは，データ列 x^n をクラス $\mathcal{P}_M$ を用いて符号化する際の (ミニマックスリスクの意味で) 最適な符号長という意味をもつ．また，式 (2.35) の第二項である正規化項の対数値：$\log\sum_{X^n} p(X^n;\hat{\theta}(X^n),M)$ のことを**パラメトリックコンプレキシティ**と呼ぶ．パラメトリックコンプレキシティはデータ数に依存するクラス $\mathcal{P}_M$ の情報論的複雑さを示している．

一般に，パラメトリックコンプレキシティを解析的に求めることは難しいように見える．しかしながら，これを算出する方法が二つ存在する．一つは漸近的な近似値を求める方法であり，もう一つは g 関数 (後述) を用いる方法である．それらのエッセンスを以下に示す．

まずは，漸近的な近似値を求める方法を示そう．以下の定理が成立する．

定理 2.7 (パラメトリックコンプレキシティの漸近的近似式)[18] M を固定したもとで，$\mathcal{P}_M$ に関して，各 θ について中心極限定理が成立するとする．すなわち，x^n が $p(X^n;\theta,M)$ に従って発生したデータであるとし，$\hat{\theta}(x^n)$ は θ の x^n からの最尤推定量であるとするとき，$\sqrt{n}(\hat{\theta}-\theta)$ は $n\to\infty$ につれ，Gauss 分布 $\mathcal{N}(0,I^{-1}(\theta))$ に従う．ここに，$I(\theta)$ は Fisher 情報行列であり，その (i,j) 成分は $\lim_{n\to\infty}(1/n)E\Big[-\frac{\partial^2\log p(x^n;\theta,M)}{\partial\theta_i\partial\theta_j}\Big]$ で与えられる．以上の仮定のもとで，パラメトリックコンプレキシティについて次式が成立する．

$$\log\sum_{X^n}p(X^n;\hat{\theta}(X^n),M)=\frac{k}{2}\log\frac{n}{2\pi}+\log\int\sqrt{|I(\theta)|}d\theta+o(1). \tag{2.37}$$

ここに，k は M のパラメータの次元であり，$|I(\theta)|$ は Fisher 情報行列の行列式であり，$o(1)$ は $n\to\infty$ につれ，x^n に関して一様に $\lim_{n\to\infty}o(1)=0$ となる量である．

◁

証明は複雑なのでここでは省略するが，詳しくは文献[33]を参照されたい．

定理 2.7 の仮定のもとでは，x^n の $\mathcal{P}_M$ に対する確率的コンプレキシティを $SC(x^n;\mathcal{P}_M)$ とおくと，その表式は以下で与えられる

$$SC(x^n;\mathcal{P}_M)=-\log p(x^n;\hat{\theta},M)+\frac{k}{2}\log\frac{n}{2\pi}+\log\int\sqrt{|I(\theta)|}d\theta+o(1). \tag{2.38}$$

例 2.5 (離散分布に対する確率的コンプレキシティ：その 1) M を与えられた正整数とし，$\mathcal{X}=\{0,1,\ldots,M\}$ を有限アルファベットとする．ここに値をとる確率分布として，$p(X=i;\theta)=\theta_i\ (i=0,\ldots,M)$，$\sum_{i=0}^{M}\theta_i=1$, $\theta=(\theta_0,\ldots,\theta_M)$ とする．Θ_M をそのような θ の集合とするとき，

$$\mathcal{P}_{\mathrm{Dis}}=\{p(X;\theta):\theta\in\Theta_M\}$$

を離散分布のクラスと呼ぶ．

独立なデータの列 x^n に対して，その中で n_i は $X=i$ が出現した回数であるとすると，θ の最尤推定値は

$$\hat{\theta}=\Big(\frac{n_0}{n},\ldots,\frac{n_M}{n}\Big)$$

のように与えられる．また，Fisher 情報量は次式のように計算される．

$$|I(\theta)|=\prod_{i=0}^{M}\theta_i^{-1}$$

そこで，(2.38) の公式を用いると，x^n の $\mathcal{P}_{Dis}$ に対する確率的コンプレキシティは

$$\begin{aligned} SC(x^n;\mathcal{P}_{\mathrm{Dis}}) &= -\log p(x^n;\hat{\theta}) + \frac{M}{2}\log\frac{n}{2\pi} + \log\int\sqrt{|I(\theta)|}d\theta \\ &= nH\left(\frac{n_0}{n},\ldots,\frac{n_M}{n}\right) + \frac{M}{2}\log\frac{n}{2\pi} + \log\frac{\pi^{\frac{M+1}{2}}}{\Gamma\left(\frac{M+1}{2}\right)} \end{aligned} \tag{2.39}$$

のように与えられる．ここに，$H(z_0,\ldots,z_M) = -\sum_{i=0}^{M} z_i\log z_i$ である．　◁

例 2.6 (離散分布に対する確率的コンプレキシティ：その 2) 先の例ではデータ数 n が十分に大きいときの確率的コンプレキシティの求め方であった．モデルクラスによっては，n の大きさによらず，正確に求める方法も存在する．この方法を以下に示そう．離散分布では最大尤度は以下のように書ける．

$$p(x^n;\hat{\theta}) = \prod_{i=0}^{M}\left(\frac{n_i}{n}\right)^{n_i}. \tag{2.40}$$

よって，正規化項については以下のように与えられる．

$$C_n(M) = \sum_{n_0+\cdots+n_M=n}\frac{n!}{n_0!\cdots n_M!}\prod_{i=0}^{M}\left(\frac{n_i}{n}\right)^{n_i}. \tag{2.41}$$

◁

$C_n(M)$ に関しては以下の漸化式が成り立つ．

定理 2.8 (離散分布の正規化項に関する漸化式)[12] $C_n(M)$ は以下の関係を満たす．

$$C_n(M+2) = C_n(M+1) + \frac{n}{M}C_n(M). \tag{2.42}$$

証明は文献 [33] (pp.216–220) を参照されたい．漸化式 (2.42) によって，$O(n+M)$ の計算量で $C_n(M)$ を計算できることがわかる．

例 2.7 (Gauss 分布に対する確率的コンプレキシティ) データが独立に以下の 1 次元 Gauss 分布に従って生成する場合を考える．

$$p(X;\mu,\sigma) = \frac{1}{\sqrt{2\pi}\sigma}\exp\left\{-\frac{(X-\mu)^2}{2\sigma^2}\right\}.$$

ここで，$\tau = \sigma^2$ とし，パラメータ空間は $\Theta = \{(\mu, \tau) : \mu \in (-\infty, +\infty), \tau > 0\}$ で与えられるとする．この場合の Fisher 情報行列 $I(\mu, \tau)$ は以下のように求められる．

$$I(\mu, \tau) = \begin{pmatrix} 1/\tau & 0 \\ 0 & 1/2\tau^2 \end{pmatrix}.$$

よって，

$$|I(\mu, \tau)| = \frac{1}{2\tau^3}.$$

与えられたデータ列 $x^n = x_1, \ldots, x_n$ に対して，μ, τ の最尤推定値を $\hat{\mu}, \hat{\tau}$ とすると，

$$\hat{\mu} = \frac{1}{n}\sum_{t=1}^{n} x_t, \quad \hat{\tau} = \frac{1}{n}\sum_{t=1}^{n}(x_t - \hat{\mu})^2$$

である．そこで，s と r を $\hat{\mu} \leq 2^s$, $\hat{\tau} \geq 2^{-2r}$ となるような最小の正整数値として，パラメータ空間を Θ の代わりにその部分空間 $\tilde{\Theta} = \{(\mu, \tau) :\ |\mu| \leq 2^s,\ \tau \geq 2^{-2r}\}$ に制限する．このような 1 次元 Gauss 分布のクラスを $\mathcal{P}_{\mathrm{Gauss}}$ と記す．

$$\int_{(\mu,\tau)\in\tilde{\Theta}} \sqrt{|I(\mu, \tau)|}\,d\mu d\tau = 2^{s+r+1/2}$$

このとき，確率的コンプレキシティは以下のように近似的に計算できる．

$$\begin{aligned}
&SC(x^n; \mathcal{P}_{Gauss}) \\
&= -\log p(x^n; \hat{\mu}, \hat{\tau}) + \log\frac{n}{2\pi} + \log\int_{(\mu,\tau)\in\tilde{\Theta}} \sqrt{|I(\mu, \tau)|}\,d\mu d\tau + \ell(r, s) \\
&= \frac{n}{2}\log(2\pi e\hat{\tau}) + \log\frac{n}{2\pi} + \frac{1}{2} + s + r + \log^* s + \log^* r.
\end{aligned}$$

ここで，$\ell(r, s)$ は r と s の符号長，$\log^* s, \log^* r$ はそれぞれ s と r 自身の符号長を表し，$\log^* x = \log c + \log x + \log\log x + \cdots$ ($c = 2.865$，和は正の値をとる範囲でとるとする．これは Rissanen の整数の符号化[17](p.34) に従う)．対数の底は 2 とする． ◁

また，モデル M 自体を符号化する際の符号長を $l(M)$ とする．ここに，$l(M)$ は $\sum_{M\in\mathcal{M}} 2^{-l(M)} \leq 1$ (Kraft の不等式) かつ $\forall M \in \mathcal{M},\ l(M) \geq 0$ を満たす符号長関数である (注意：自然対数を扱う場合は，Kraft の不等式は $\sum_{M\in\mathcal{M}} e^{-l(M)} \leq 1$ に

置き換わる)．このとき，x^n の $\mathcal{P}$ に対する確率的コンプレキシティを $SC(x^n;\mathcal{P})$ を以下のように定める．

$$SC(x^n;\mathcal{P})$$
$$= \min_{M\in\mathcal{M}}\left\{-\log p(x^n;\hat{\theta}(x^n),M) + \log\sum_{X^n} p(X^n;\hat{\theta}(X^n),M) + l(M)\right\}. \quad (2.43)$$

これは M 自体の符号化を含めた，クラス $\mathcal{P}$ に対する x^n の最短符号長として解釈できる．MDL 原理の立場に立てば，この右辺の $\min_{M\in\mathcal{M}}$ を達成する M を求めよという戦略が成り立つ．これはまさに式 (2.25) で与えた規準である．定理 2.7 の仮定のもとでは，確率的コンプレキシティはさらに以下のように展開できる．

$$SC(x^n;\mathcal{P})$$
$$= \min_{M\in\mathcal{M}}\left\{-\log p(x^n;\hat{\theta}(x^n),M) + \frac{k}{2}\log\frac{n}{2\pi} + \log\int\sqrt{|I(\theta)|}d\theta + l(M)\right\}. \quad (2.44)$$

定理 2.5 から，真の分布 p が既知である場合は，式 (2.31) の符号長で符号化すれば，最短の平均符号長が得られることがわかっていた．一方で，真の分布 p が未知であるが，$\mathcal{P}_M$ に属する場合には，その平均符号長の下界に関して以下の定理が知られている．

定理 2.9 (平均符号長の下限)[17] k をパラメータの次元とする．各 $\theta\in\Theta_M$ について，$\hat{\theta}(x^n)$ を x^n からの θ の最尤推定量であるとして，中心極限定理が成り立つとする，つまり，$\sqrt{n}(\hat{\theta}(x^n)-\theta)$ の分布が $\mathcal{N}(0,I^{-1}(\theta))$ ($I(\theta)$ は Fisher 情報行列) に漸近的に従うとする．このとき，$n\to\infty$ につれ Lebesgue (ルベーグ) 測度が 0 となるような集合に含まれる θ を除いて，任意の $\epsilon>0$ に対して，任意の語頭符号化の符号長関数 $\mathcal{L}(x^n)$ に対して次式が成立する．

$$E_\theta[\mathcal{L}(X^n)] \geq E_\theta[-\log p(X^n;\theta,M)] + \frac{k-\epsilon}{2}\log n. \quad (2.45)$$

ここに，E_θ は $p(X^n;\theta,M)$ に関する期待値を表す．

一方で，確率的コンプレキシティ $SC(X^n;\mathcal{P}_M)$ の平均の値は，式 (2.38) と

$$E_\theta[-\log p(X^n;\hat{\theta}(X^n),M)] = E_\theta[-\log p(X^n;\theta,M)] - k/2 + o(1) \quad (2.46)$$

であることを用いると，定理 2.7 の条件のもとで，

$$E_\theta[SC(X^n;\mathcal{P}_M)] = E_\theta[-\log p(X^n;\theta,M)] + \frac{k}{2}\log\frac{n}{2\pi e} + \log\int\sqrt{|I(\theta)|}d\theta + o(1)$$

であるから，$E_\theta[SC(X^n;\mathcal{P}_M)]$ は下界式 (2.45) の右辺と漸近的に $o(\log n)$ の誤差内で一致していることがわかる．これは $SC(X^n;\mathcal{P}_M)$ が $o(\log n)$ の誤差内で平均符号長の下界を達成していることを意味している．この意味で，確率的コンプレキシティは真の分布が未知とした場合に Shannon 情報量を一般化した量であるといえる．　◁

さらに，M 自体が未知の状況を考えよう．定理 2.9 から，真の θ, M を θ^*, M^* として，M^* のパラメータの次元を k^* とすると，平均符号長は $E_{\theta^*}[-\log p(X^n;\theta^*,M^*)]+\frac{k^*}{2}\log n$ により下から抑えられる．一方，MDL 規準によって選ばれた M は式 (2.44) の意味から，n が十分大きいもとでは，$E_\theta[-\log p(X^n;\theta,M)] + \frac{k}{2}\log n$ を最小化したものに近づく．よって，漸近的にはこれが M^* に等しくなることがわかる．これは MDL 規準による**モデル選択の一致性**を意味している．

次に，パラメトリックコンプレキシティの g 関数を用いた計算方法を示そう．いま，確率関数を

$$p(X^n;\theta,M) = p(X^n|\hat{\theta}(X^n))g(\hat{\theta}(X^n);\theta)$$

のように分解する．ここに，

$$g(\bar{\theta};\theta) \stackrel{\text{def}}{=} \sum_{X^n:\hat{\theta}(X^n)=\bar{\theta}} p(X^n;\theta)$$

である．$g(\bar{\theta};\theta)$ は $\bar{\theta}$ に関する確率密度関数であり，ここでは g **関数**と呼ぶことにする．実際，次式が成り立つ．

$$\int g(\bar{\theta};\theta)d\bar{\theta} = \int d\bar{\theta}\left(\sum_{Y^n:\hat{\theta}(Y^n)=\bar{\theta}} p(Y^n;\theta,M)\right) = 1.$$

$p(X^n|\hat{\theta}(X^n))$ は

$$p(X^n|\hat{\theta}(X^n)) \stackrel{\text{def}}{=} p(X^n;\theta)/g(\hat{\theta}(X^n);\theta)$$

として定められる．パラメトリックコンプレキシティを $C_n(M)$ と記すと，これは g 関数を用いて以下のように計算できることがわかる．

$$\begin{aligned} C_n(M) &= \sum_{X^n} p(X^n; \hat{\theta}(X^n), M) \\ &= \int d\hat{\theta} \sum_{Y^n : \hat{\theta}(Y^n) = \hat{\theta}} p(Y^n; \hat{\theta}, M) \\ &= \int g(\hat{\theta}; \hat{\theta}) d\hat{\theta}. \end{aligned}$$

パラメトリックコンプレキシティを実際に上の公式を使って計算する例を以下に挙げる．

例 2.8 (指数分布のパラメトリックコンプレキシティ) 指数分布のクラス

$$\mathcal{P}_{\mathrm{Exp}} \stackrel{\mathrm{def}}{=} \{p(x;\theta) = \theta \exp(-\theta x) :\ \theta \in \boldsymbol{R}^+\}$$

を考える．ここに，$\boldsymbol{R}^+$ は正の実数値集合を表す．独立なデータの列 $x^n = x_1, \ldots, x_n$ が与えられたときの θ の最尤推定値は次式で与えられる．

$$\hat{\theta}(x^n) = \frac{n}{\sum_{i=1}^{n} x_i}.$$

このとき，確率密度関数を以下のように分解する．

$$\begin{aligned} p(x^n; \theta) &= \exp\left\{ -\theta \sum_{i=1}^{n} x_i + n \log \theta \right\} \\ &= \theta^n \exp\left\{ -\frac{n\theta}{\hat{\theta}} \right\} \\ &= f(x^n | \hat{\theta}(x^n)) g(\hat{\theta}(x^n); \theta). \end{aligned}$$

g は $n/\hat{\theta}(x^n)$ が形状パラメータ n, スケールパラメータ $1/\theta$ のガンマ分布として次式のように与えられる．

$$g(\hat{\theta}(x^n); \theta) = \frac{\theta^n n^n}{\Gamma(n) \hat{\theta}(x^n)^{n+1}} \exp\left\{ -\theta \cdot \frac{n}{\hat{\theta}(x^n)} \right\}.$$

そこで，$\hat{\theta}(x^n) = \hat{\theta}$ として固定すると，

$$g(\hat{\theta}; \hat{\theta}) = \frac{n^n}{e^n (n-1)!} \cdot \frac{1}{\hat{\theta}}.$$

ここで，$\int g(\hat{\theta};\hat{\theta})d\hat{\theta}$ は発散してしまうので，$\theta_{\min}, \theta_{\max}$ を与えられた数として，

$$Y(\theta_{\min}, \theta_{\max}) \overset{\text{def}}{=} \{y^n : \theta_{\min} \leq \hat{\theta}(y^n) \leq \theta_{\max}\}$$

とおくと，パラメトリックコンプレキシティは次式のように計算できる．

$$\begin{aligned} C &= \int_{Y(\theta_{\min}, \theta_{\max})} g(\hat{\theta};\hat{\theta})d\hat{\theta} \\ &= \frac{n^n}{e^n(n-1)!} \int_{\theta_{\min}}^{\theta_{\max}} \frac{1}{\hat{\theta}} d\hat{\theta} \\ &= \frac{n^n}{e^n(n-1)!} \log \frac{\theta_{\max}}{\theta_{\min}}. \end{aligned}$$

◁

例 2.9 (MDL 原理に基づくヒストグラムの推定) $\mathcal{X} = [0,1]$ とし，$\mathcal{X}$ が $k+1$ 個のセルに分割されているとする．簡単のため，それらは等区間であるとし，

$$\mathcal{X} = \bigcup_{i=0}^{k} C_i,\ C_i = \left[\frac{i}{k+1}, \frac{i+1}{k+1}\right)\ (i = 0, \ldots, k-1),\ C_k = \left[\frac{k}{k+1}, 1\right].$$

このとき，$X \in \mathcal{X}$ が各 C_i に属する確率を θ_i とする．k 次元パラメータ $\theta = (\theta_0, \ldots, \theta_k)$ で指定される**ヒストグラム密度関数**のクラスを以下のように定める．

$$\begin{aligned} \mathcal{P}_{\text{HIS}} = \Big\{ p(X;\theta) :\ \theta = (\theta_0, \ldots, \theta_k), \theta_i \geq 0,\ \sum_{i=0}^{k} \theta_i = 1 \\ \text{if } X \in C_i,\ \text{then } p(X;\theta) = (k+1)\theta_i\ (i = 0, \ldots, k) \Big\}. \end{aligned}$$

つまり，ヒストグラム密度関数は区間的に定数値をとる確率密度関数である，x^n が与えられたところで，尤度は以下のように計算される．

$$p(x^n;\theta) = (k+1)^n \prod_{i=0}^{k} \theta_i^{n_i}.$$

ここに，n_i は i 番目のセルに入ったデータの数である．この場合，Fisher 情報行列の行列式は

$$|I(\theta)| = \prod_{i=0}^{k} \theta_i^{-1}$$

で与えられる．k 自体の符号長は $l(k) = \log^* k$ として与えられる (整数の符号化については例 2.7 を参照)．以上により，x^n の $\mathcal{P}_{\text{HIS}}$ に対する確率的コンプレキシティは

$$\begin{aligned}
&\min_{\theta}\{-\log p(x^n;\theta)\} + \frac{k}{2}\log\frac{n}{2\pi} + \log\int\sqrt{|I(\theta)|}d\theta + l(k) \\
&= -\sum_{i=0}^{k} n_i \log\frac{n_i}{n} - n\log(k+1) + \frac{k}{2}\log\frac{n}{2\pi} + \log\frac{\pi^{\frac{k+1}{2}}}{\Gamma\left(\frac{k+1}{2}\right)} + \log^* k \qquad (2.47)
\end{aligned}$$

として与えられる．そこで，MDL 原理に基づくモデル選択を行うには，式 (2.47) を最小にする k を選べばよいことがわかる．なお，上では等間隔セルを扱ったが，非等間隔セルの場合には文献 [33] (pp.36, 37) を参考にされたい．　◁

2.3　教師なし学習とクラスタリング

教師なし学習の典型的問題としてクラスタリングが挙げられる．これはデータを似たもの同士のクラスターにカテゴライズしようというものである．クラスタリングにはさまざまな方法があるが，本書では，有限混合モデルの教師なし学習に基づく方法を中心に紹介し，関連する手法についても触れる．

2.3.1　混合モデルと EM アルゴリズム

有限混合モデルとは，$p(X;\theta_1),\ldots,p(X;\theta_K)$ を異なる K 個のパラメータで指定された確率密度関数 (あるいは確率関数) であるとして，これらの線形結合として確率密度関数が次式のように与えられる確率分布である．

$$p(X) = \sum_{i=1}^{K}\pi_i p(X;\theta_i).$$

ここで，$\theta = (\pi_1,\ldots,\pi_K,\theta_1,\ldots,\theta_K)$ とおく．いま，長さ n のデータ列 $x^n = x_1,\ldots,x_n$ が与えられたもとで θ を推定したい．ここで，x_i に関する独立性を仮定して最尤法を適用しようとすると，

$$\log\prod_{j=1}^{n}\sum_{i=1}^{K}\pi_i p(x_j;\theta_i)$$

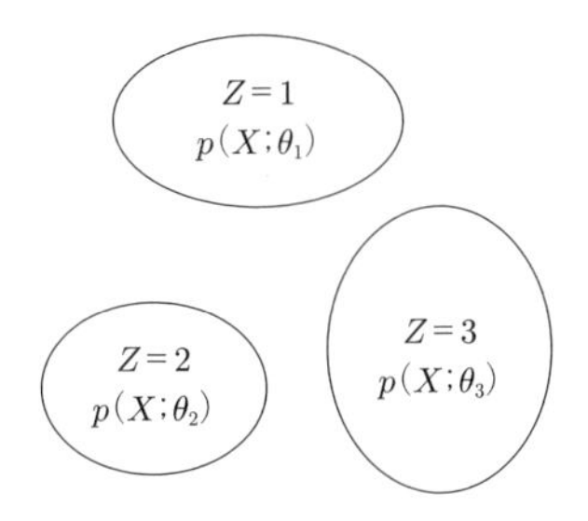

図 2.1 潜在変数とクラスタリング

の θ に関する最大化問題を解かなければならないが，これは一般に解析的には不可能である．そこで，潜在変数モデルを導入して有限混合モデルを別の角度から考える．

Z はデータが $p(X;\theta_1),\ldots,p(X;\theta_K)$ のうちどの分布から来たかを表すインデックスであるとしよう．これは実際には観測できない値をもつので，**潜在変数**と呼ばれる (図 2.1 参照).

$$\pi_i = p(Z=i)$$

であり，X と Z の同時分布は

$$p(X, Z=i;\theta) = \pi_i p(X;\theta_i).$$

として与えられる．このような潜在変数を含む確率モデルを**潜在変数モデル**と呼ぶ．ここで，データ列 $x^n = x_1,\ldots,x_n$ が与えられたとして，対応する潜在変数の値の系列 $z^n = z_1,\ldots,z_n$ と θ の値を推定したいとする．ここに，z_i は x_i に対応する潜在変数である．

潜在変数モデルに対する推定アルゴリズムとして **EM アルゴリズム**[14]が存在する．これを示そう．いま，Q **関数**を θ,θ' に対して以下のように定める．

$$\begin{aligned}Q(\theta|\theta') &\stackrel{\mathrm{def}}{=} \sum_{z^n} p(z^n|x^n;\theta')\log\prod_{t=1}^{n} p(x_t,z_t;\theta)\\ &= \sum_{t=1}^{n}\sum_{i=1}^{K} p(i|x_t;\theta')\log \pi_i p(x_t;\theta_i).\end{aligned}$$

ここで，

$$\gamma_i(t) \stackrel{\text{def}}{=} p(i|x_t;\theta') = \frac{\pi'_i p(x_t;\theta'_i)}{\sum_{j=1}^{K} \pi'_j p(x_t;\theta'_j)}.$$

そこで，θ' が与えられたときに $Q(\theta|\theta')$ を最大にするような θ は，$\sum_{i=1}^{K} \pi_i = 1$, $\pi_i \geq 0$ $(i = 1, \ldots, K)$ のもとで変分法を解いて以下のように求めることができる．

$$\hat{\pi}_i = \frac{1}{n}\sum_{t=1}^{n} \gamma_i(t),$$

$$\hat{\theta}_i = \operatorname*{argmax}_{\theta_i} \sum_{t=1}^{n} \gamma_i(t) \log p(x_t;\theta_i) \quad (i = 1, \ldots, k).$$

そこで，θ と θ' の役割を置き換えながら上記の推定過程を反復することを考える．つまり，j 番目の反復において得られた推定値を $\theta^{(j)}$ と表し，

$$\gamma_i^{(j)}(t) \stackrel{\text{def}}{=} p(i|x_t;\theta^{(j)})$$

と書くとき，j 回目の反復において，

$$\hat{\pi}_i^{(j+1)} = \frac{1}{n}\sum_{t=1}^{n} \gamma_i^{(j)}(t), \tag{2.48}$$

$$\hat{\theta}_i^{(j+1)} = \operatorname*{argmax}_{\theta_i} \sum_{t=1}^{n} \gamma_i^{(j)}(t) \log p(x_t;\theta_i) \tag{2.49}$$

を計算する．これを j に関して繰り返す．EM アルゴリズムはこのようなパラメータの推定アルゴリズムのことである．EM の E は expectation を表す．これは Q 関数の計算を意味する．EM の M は maximization を表す．これは Q 関数の値の最大化を意味する．この過程において，

$$(\gamma_1^{(j)}(t), \ldots, \gamma_K^{(j)}(t)) = \left(p(1|x_t;\theta^{(j)}), \ldots, p(K|x_t;\theta^{(j)})\right)$$

が得られるが，この i 番目の要素はデータ x_t が i 番目の分布から出たことの事後確率を示している．そこで，事後確率を最大にするような i を z_t の推定値とすることにより，x_t に対応するインデックス (これを**クラスター**と呼ぶ) に割り付けることができる．つまり，

$$\hat{z}_t = \operatorname*{argmax}_{i} p(i|x_t, \theta^{(j)})$$

を x_t に対応するクラスターとする．$x_1, \ldots, x_n$ のすべてのデータにこれを実行することにより，各データのそれぞれがどこかのクラスターに割り振られる．これを**クラスタリング**と呼ぶ．

EM アルゴリズムの式 (2.48), (2.49) の反復によって，$(\pi^{(j)}, \theta^{(j)})$ は尤度の極大解に収束する．これは以下の定理によって示されている．

定理 2.10 (EM アルゴリズムの収束性)[14] $\theta^{(j)}$ を EM アルゴリズムの j 番目の反復の結果得られたパラメータ推定値であるとする．このとき，$L(\theta|x^n) = \log p(x^n;\theta)$ とおくと，

$$L(\theta^{(j+1)}|x^n) \geq L(\theta^{(j)}|x^n)$$

が成り立つ．

(証明) Bayes の定理から一般に，

$$p(z^n|x^n;\theta) = \frac{p(x^n, z^n;\theta)}{p(x^n;\theta)}$$

が成り立つ．これから，次式が成り立つ．

$$\begin{aligned} \log p(x^n;\theta) &= E_{z,\theta^{(j)}}[\log p(x^n, z^n;\theta)] - E_{z,\theta^{(j)}}[\log p(z^n|x^n;\theta)] \\ &= E_{z,\theta^{(j)}}[\log p(x^n, z^n;\theta)] + H(\theta^{(j)}) + D(\theta^{(j)}||\theta). \qquad (2.50) \end{aligned}$$

ここに，$E_{z,\theta^{(j)}}$ は $p(z^n|x^n;\theta^{(j)})$ に関する期待値を表し，

$$\begin{aligned} H(\theta^{(j)}) &= E_{z,\theta^{(j)}}[-\log p(z^n|x^n;\theta^{(j)})], \\ D(\theta^{(j)}||\theta) &= E_{z,\theta^{(j)}}\left[\log \frac{p(z^n|x^n;\theta^{(j)})}{p(z^n|x^n;\theta)}\right] \end{aligned}$$

である．式 (2.50) の第一項は Q 関数であるから $\theta = \theta^{(j+1)}$ で最大値をとる．また，第三項は定理 2.5 の証明と同様にして，$D(\theta^{(j)}||\theta) \geq 0$ であり，下限を達成するのは $\theta = \theta^{(j)}$ のときに限るので，$\log p(x^n;\theta^{(j+1)}) \geq \log p(x^n;\theta^{(j)})$ が成り立つ．

■

例 2.10 (Gauss 混合モデル) 以下の確率密度関数で表される確率分布を **Gauss 混合モデル**と呼ぶ．

$$p(X;\theta) = \sum_{i=1}^{k} \pi_i p(X;\mu_i,\Sigma_i).$$

ここに，$\sum_{i=1}^{k}\pi_i = 1$, $\pi_i > 0$, $\mu_i \in \boldsymbol{R}^m$, $\Sigma_i \in \boldsymbol{R}^{m\times m}$ $(i = 1\ldots k)$ とし，$p(X;\mu_i,\Sigma_i)$ は平均が μ_i，分散共分散行列が Σ_i であるような Gauss 分布を表す．パラメータベクトルを $\theta = (\pi_i,\mu_i,\Sigma_i)_{i=1,\ldots,k}$ で表す．ここで，Z を観測変数 X がどのクラスターから発生したかを示す潜在変数であるとし，

$$p(X, Z = i;\theta) = \pi_i p(X;\mu_i,\Sigma_i)$$

のように記す．

いま，独立なデータの列 $x^n = x_1\ldots x_n$ が与えられたときに，Q 関数は以下のように計算できる．$\theta^{(j)}$ は j 番目の反復で得られた θ の値であるとすると，

$$\begin{aligned}Q(\theta|\theta^{(j)}) &= \sum_{z^n} p(z^n|x^n;\theta^{(j)})\log\prod_{t=1}^{n} p(x_t, z_t;\theta)\\ &= \sum_{t=1}^{n}\sum_{i=1}^{k}\gamma_i^{(j)}(t)\log\pi_i p(x_t;\mu_i,\Sigma_i).\end{aligned}$$

ここに，$\gamma_i^{(j)}(t)$ は以下のように定める．

$$\gamma_i^{(j)}(t) \stackrel{\text{def}}{=} p(z_t = i|x_t;\theta^{(j)}) = \frac{\pi_i^{(j)} p(x_t;\mu_i^{(j)},\Sigma_i^{(j)})}{\sum_i \pi_i^{(j)} p(x_t;\mu_i^{(j)},\Sigma_i^{(j)})}.$$

$\theta^{(j+1)} = \operatorname*{argmax}_\theta Q(\theta|\theta^{(j)})$ は $\sum_{i=1}^{k}\pi_i^{(j+1)} = 1$ の条件下で変分法を解いて以下のように求められる．

$$\begin{aligned}\pi_i^{(j+1)} &= \frac{1}{n}\sum_{t=1}^{n}\gamma_i^{(j)}(t),\\ \mu_i^{(j+1)} &= \frac{\sum_{t=1}^{n}\gamma_i^{(j)}(t)x_t}{\sum_{t=1}^{n}\gamma_i^{(j)}(t)},\\ \Sigma_i^{(j+1)} &= \frac{\sum_{t=1}^{n}\gamma_i^{(j)}(t)x_t x_t^{\mathrm{T}}}{\sum_{t=1}^{n}\gamma_i^{(j)}(t)} - \mu_i^{(j+1)}\mu_i^{(j+1)\mathrm{T}}.\end{aligned}$$

EM アルゴリズムはあらかじめ設定した停止条件のもとで j に関する反復を繰り返す．

◁

2.3.2 Markov 連鎖 Monte Carlo 法

有限混合モデルに対して，パラメータを求めるもう一つの方法として Markov (マルコフ) 連鎖 Monte Carlo (モンテカルロ) 法が存在する．これはサンプリングを繰り返すことによって，Bayes 事後確率に従うパラメータを生成しようというものである．

いま，パラメータ $\theta=(\theta_1,\ldots,\theta_k)$ に対して，$p(\theta_1,\ldots,\theta_k|x^n)$ は計算困難であるが，あるパラメータに関して，他のパラメータの条件付き確率密度関数 $p(\theta_1|\theta_2,\ldots,\theta_k;x^n)$，…，$p(\theta_k|\theta_1,\ldots,\theta_{k-1};x^n)$ が簡単に計算できる場合には，互いに交互にサンプリングを繰り返すことにより，パラメータを推定していくことができる．これを **Gibbs (ギブズ) サンプラー**と呼ぶ．具体的には以下のステップを行う．T を与えられた正整数とする．

Step 1. 初期化:
$\theta^{(1)}=(\theta_1^{(1)},\ldots,\theta_k^{(1)})$ を与える．
Step 2. 反復計算:
以下のプロセスを $j(=1,\ldots,T)$ に関して繰り返す．

$$\begin{aligned}
&\theta_1^{(j+1)}\sim p(\theta_1|\theta_2^{(j)},\ldots,\theta_k^{(j)};x^n),\\
&\theta_2^{(j+1)}\sim p(\theta_2|\theta_1^{(j+1)},\theta_3^{(j)},\ldots,\theta_k^{(j)};x^n),\\
&\cdots\cdots\cdots\cdots\\
&\theta_k^{(j+1)}\sim p(\theta_k|\theta_1^{(j+1)},\ldots,\theta_{k-1}^{(j+1)};x^n).\\
&\qquad j\leftarrow j+1.
\end{aligned}$$

上記のようにサンプリングして得られた $\theta^{(j)}=(\theta_1^{(j)},\ldots,\theta_k^{(j)})$ $(j=1,\ldots,T)$ は Markov 過程をなす．そして，$p(\theta_1,\ldots,\theta_k|x^n)$ はその定常分布である．また，$\theta^{(j)}$ の従う確率分布は $p(\theta_1,\ldots,\theta_k|x^n)$ に収束する．このように，Markov 連鎖を成しながらサンプリングして，所望の分布から発生されたパラメータ値に近づけていく方法を **Markov 連鎖 Monte Carlo 法** (Markov Chain Monte Carlo：MCMC) と呼ぶ．

なお，上記のパラメータの成分の代わりに潜在変数とパラメータを交互に推定することもできる．再び Gauss 混合分布を例にとって，これを示そう．

例 2.11 (Gauss 混合モデルに対する MCMC) 例 2.10 の Gauss 混合モデルを取り上げる．

$$p(X;\theta) = \sum_{i=1}^{k} \pi_i p(X;\mu_i,\sigma_i^2).$$

ここで，

$$\theta = (\pi_i, \mu_i, \sigma_i^2)_{i=1\ldots,k}$$

とする．

共役な事前分布を以下のように設定する (ここで，$p(\theta|x) \propto p(X;\theta)p(\theta)$ が $p(\theta)$ と同じ型式の分布になるとき，$p(\theta)$ を $p(X;\theta)$ の**共役事前分布**と呼ぶ)．

$$\begin{aligned}\pi_i &\sim \text{一様分布},\\ \mu_i &\sim \mathcal{N}(\mu_0,\sigma_0^2),\\ \sigma_i^2 &\sim \mathrm{IG}(a,b),\\ &\quad (i=1,\ldots,k).\end{aligned}$$

ここで，μ_0, σ_0^2, a, b は正定数であるとし，$\mathrm{IG}(a,b)$ は逆ガンマ分布 $\mathrm{IG}(a,b) = (b^a/\Gamma(a))x^{-a-1}\exp(-b/x)$ を表す．

潜在変数 Z をこれまでと同様に，観測データ x がどのクラスターから出現したかを示すインデックスとする．このとき，X,Z, θ についての条件付き分布は以下のように得られる．

$$\begin{aligned}p(z^n|x^n;\theta) &= \prod_{t=1}^{n} p(z_t|x_t;\theta),\\ p(\pi_1\ldots\pi_k|\{\mu_i,\sigma_i^2\};x^n,z^n) &= \mathrm{D}(n_1+1,\ldots,n_k+1),\\ p(\mu_i|\{\pi_i,\sigma_i^2\};x^n,z^n) &= \mathcal{N}\left(\frac{\sigma_0^2\sum_{t\in T_i} x_t + \sigma_i^2\mu_0}{n_i\sigma_0^2+\sigma_i^2}, \frac{\sigma_0^2\sigma_i^2}{n_i\sigma_0^2+\sigma_i^2}\right),\\ p(\sigma^2|\{\pi_i,\sigma_i^2\};x^n,z^n) &= \mathrm{IG}\left(a+\frac{n_i}{2}, b+\frac{1}{2}\sum_{t\in T_i}(x_t-\mu_i)^2\right),\\ &\quad (i=1,\ldots,k).\end{aligned}$$

ここに，n_i は z^n 中に $z=i$ が出現した個数を表し，T_i は $z_t=i$ なる t の集合とする $(i=1,\ldots,k)$．$\mathrm{D}(n_1+1,\ldots,n_k+1)$ は Dirichlet 分布を表し，その確率密度

関数は

$$\mathrm{D}(n_1+1,\ldots,n_k+1)=\frac{\pi_1^{n_1}\cdots\pi_k^{n_k}}{\int_{\sum_i \xi_i=1,\xi_i\geq 0}\xi_1^{n_1}\cdots\xi_k^{n_k}d\xi_1\cdots d\xi_k} \tag{2.51}$$

で与えられる．また，$p(z_t|x_t;\theta)$ は

$$p(Z=i|x_t;\theta)=\frac{\pi_i p(x_t;\mu_i,\sigma_i^2)}{\sum_{i'=1}^{k}\pi_{i'}p(x_t;\mu_{i'},\sigma_{i'}^2)}$$

として計算する．そこで，Gibbs サンプラーを適用すると，

$$z_i\to\mu_i\to\sigma_i^2\quad(i=1,\ldots,k)$$

の順番にサンプリングして，あらかじめ与えた停止条件が満たされるまでこれを繰り返すことになる． ◁

大規模でかつ複雑な Bayes 推定問題に対しては MCMC は定石となっている．MCMC は**計算統計学**という分野の典型的な手法として位置づけられる．

2.3.3 クラスター数の決定

Gauss 混合モデルを潜在変数 Z を用いて改めて以下のように記す．

$$p(X)=\sum_{k=1}^{K}\pi_k p(X|Z=k;\mu_k,\Sigma_k).$$

ここで，$\pi_k=P(Z=k)$ とする．また，$p(X|Z=k;\mu_k,\Sigma_k)$ は k 番目のクラスターに対応する，平均が $\mu_k\in\boldsymbol{R}^m$, 分散共分散行列が $\Sigma_k\in\boldsymbol{R}^{m\times m}$ の Gauss 分布である．

$$p(X|Z=k;\mu_k,\Sigma_k)=\frac{1}{(2\pi)^{\frac{m}{2}}\cdot|\Sigma|^{\frac{1}{2}}}\exp\left\{-\frac{1}{2}(X-\mu_k)^{\mathrm{T}}\Sigma^{-1}(X-\mu_k)\right\},$$

$\theta=(\pi_1,\ldots,\pi_K,\mu_1,\ldots,\mu_K,\Sigma_1,\ldots,\Sigma_K)$ とする．K 個のクラスターをもつ Gauss 混合モデルのクラスを $\mathcal{M}(K)$ と記す．

ここで，クラスター数 K はクラスの複雑さを決定する重要なファクターである．そこで，K をデータに基づいてクラスター数 K を決定することを考える．そのよ

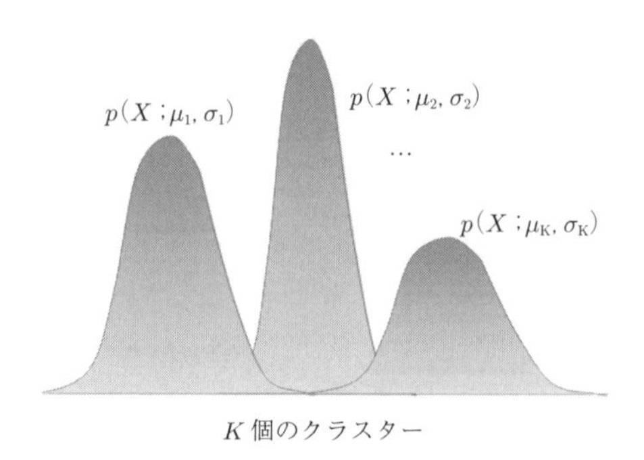

図 **2.2**　Gauss 混合モデルの混合数の選択

うな問題は，直接，$\mathcal{M}(K)$ に対する NML 符号長を計算することにより，定理 2.7 の公式を用いて最適な K を決定すればよいと考えるかもしれない．しかし，ここで素直にこのような議論を展開することはできないことに注意する．なぜなら，$\mathcal{M}(K)$ は潜在変数を含むモデルなので，一般に複数の異なるパラメータ値に対して同一の分布を与えることもあり得る．よって，一意にパラメータから分布を同定できないといった問題がある．このようなモデルを**非正則モデル**と呼ぶ．そのような非正則モデルに対しては，定理 2.7 の仮定となっている中心極限定理は一般に成り立たない．そこで，潜在変数を推定して，あたかも顕在変数のごとく扱うことにより，モデルを正則にして扱う方法が考えられる．これを**完全変数化**の方法と呼ぶ．これを以下に示そう．

以下，簡単のため，1 次元 Gauss 混合分布を考える (図 2.2)．例 2.7 の結果から，単一の 1 次元 Gauss 分布に対する対数正規化項 (パラメトリックコンプレキシティ) をデータ長 n に対して $\log \widetilde{C_n}$ と書くとき，

$$\log \widetilde{C_n} = \log \frac{n}{2\pi} + \ell(s,r)$$

で与えられる．ここに，$\ell(s,r) \stackrel{\mathrm{def}}{=} \frac{1}{2} + s + r + \log s^* + \log^* r$ であり，記号の意味は例 2.7 に従う．K 個の成分をもつ Gauss 混合分布を考えると，n_i を第 i 成分に割り当てられたデータの数として，その完全変数モデルに対するパラメトリックコンプレキシティは次式のように与えられる．

$$
\begin{aligned}
C_n(K) &= \int \sum_{z^n} p(x^n, z^n; \hat{\theta}(x^n, z^n)) dx^n \\
&= \sum_{z^n} p(z^n; \hat{\theta}(z^n)) \int p(x^z | z^n; \hat{\theta}(x^n, z^n)) dx^n \\
&= \sum_{\substack{n_1 + \cdots + n_K = n \\ n_i \geq 0,\ i = 1, \ldots, K}} \frac{n!}{n_1! \cdots n_K!} \prod_{i=1}^{K} \left(\frac{n_i}{n}\right)^{n_i} \widetilde{C_{n_i}} \qquad (2.52) \\
&= \sum_{\substack{n_1 + \cdots + n_K = n \\ n_i \geq 0,\ i = 1, \ldots, K}} \frac{n!}{n_1! \cdots n_K!} \prod_{i=1}^{K} \left(\left(\frac{n_i}{n}\right)^{n_i} \left(\frac{n_i}{2\pi}\right) \exp(\ell(s, r)) \right).
\end{aligned}
$$

s, r は成分中の最大値を用いる．$\hat{\tau}_i$ を第 i 成分に割り当てられたデータからの τ の最尤推定値として，1 次元 Gauss 混合モデルの最適な混合数は以下の潜在的確率的コンプレキシティを最小化する z^n と K を求めることによって得られる．

$$
\sum_{i=1}^{K} \left\{ \frac{n_i}{2} \log(2\pi e \hat{\tau}_i) + nH\left(\frac{n_i}{n}\right) \right\} + \log C_n(K).
$$

$C_n(K)$ をまともに計算すると，$O(n^K)$ の計算時間がかかるが，以下のような再帰的な関係式を用いることにより効率的に計算することができる．

定理 2.11 (混合分布の正規化項の漸化式)[35] 式 (2.52) の正規化項 $C_n(K)$ は以下の関係式を満たす．

$$
C_n(K+1) = \sum_{\substack{r_1 + r_2 = n \\ r_1, r_2 \geq 0}} \frac{n!}{r_1! r_2!} \left(\frac{r_1}{n}\right)^{r_1} \left(\frac{r_2}{n}\right)^{r_2} C_{r_1}(K) \widetilde{C_{r_2}}. \qquad (2.53)
$$

式 (2.53) によって，$C_n(K)$ を $O(n^2 \cdot K)$ の計算量で求めることができる．式 (2.53) は Gauss 混合分布に限らず，一般の混合分布について成立する．その場合，C_{r_2} はデータ数 r_2 に対する個々の混合成分についての正規化項 (パラメトリックコンプレキシティの指数) である．

一般に，観測変数列 x^n と潜在変数列 z^n の両方を用いた完全変数列に対する確率モデル $p(x^n, z^n; \theta, M)$ に対する確率的コンプレキシティは以下のように計算できる．

$$\begin{aligned}
&\mathrm{SC}(x^n, z^n; M) \\
&= -\log p_{\mathrm{NML}}(x^n, z^n; M) \\
&= -\log p(x^n, z^n; \hat{\theta}(x^n, z^n), M) + \log \sum_{y^n} \sum_{w^n} p(y^n, w^n; \hat{\theta}(y^n, w^n), M). \qquad (2.54)
\end{aligned}$$

よって，MDL 原理に従えば，x^n が与えられたとき，各 M に対して，$\mathrm{SC}(x^n, z^n; M)$ を計算し，これを最小にする M と z^n を選択すればよいという戦略が導かれる．ここで，式 (2.54) の第二項は z^n にはよらないことから，z^n は実際には第一項が最小になるように求めることが必要になる．実際には，EM アルゴリズムなどで x^n から求めることが多い．このように，完全変数化を用いて NML 符号長を計算する方法を**完全変数化 MDL 規準**と呼ぶ．

2.3.4 分解型正規化最尤符号長

潜在変数モデルのモデル選択において，完全変数化 MDL 規準に代わるもう一つの方法を紹介する．これは**分解型正規化最尤符号長** (decomposed normalized maximum likelihood codelength, 略して DNML 符号長) に基づく方法[27]である．

DNML 符号長は，観測データ列 x^n と，対応する潜在変数列 z^n を二段階に分解して符号化した際の総符号長である．今，z は有限の値をとると仮定し，モデル M は z の取り得る数 K であるとする．DNML を L_{DNML} と書くと，モデル K に対して，以下のように計算できる．

$$L_{\mathrm{DNML}}(x^n, z^n; K) = L_{\mathrm{NML}}(x^n | z^n; K) + L_{\mathrm{NML}}(z^n; K). \qquad (2.55)$$

ここに，式 (2.55) の右辺の第一項 $L_{\mathrm{NML}}(x^n|z^n; K)$ は z^n が与えられたときの条件付き NML 符号長であり，第二項 $L_{\mathrm{NML}}(z^n; K)$ は z^n 自身の NML 符号長である．

式 (2.55) の右辺の第一項は具体的に次式で与えられる．

$$\begin{aligned}
&L_{\mathrm{NML}}(x^n | z^n; K) \\
&= -\log p(x^n | z^n; \hat{\theta}(x^n, z^n); K) + \log \int p(x^n | z^n; \hat{\theta}(x^n, z^n); K) dx^n \\
&= \sum_{i=1}^{k} \Big\{ -\log p_{\mathrm{NML}}(x^{n_i} | z^{n_i}; \hat{\theta}(x^{n_i}, z^{n_i}); K) \\
&\qquad + \log \int p(x^{n_i} | z^{n_i}; \hat{\theta}(x^{n_i}, z^{n_i}); K) dx^{n_i} \Big\}
\end{aligned}$$

$$= \sum_{i=1}^{k} L_{\mathrm{NML}}(x^{n_i}, z^{n_i}; K). \tag{2.56}$$

ここに，x^{n_i}, z^{n_i} は $z = i$ に対応する観測データ列，潜在変数列とし，n_i は z^n の中の $z = i$ の出現数，$\hat{\theta}(x^n, z^n)$ は θ の x^n, z^n からの最尤推定量である．また，

$$\begin{aligned} &L_{\mathrm{NML}}(x^{n_i}, z^{n_i}; K) \\ &\stackrel{\mathrm{def}}{=} -\log p_{\mathrm{NML}}(x^{n_i}|z^{n_i}; \hat{\theta}(x^{n_i}, z^{n_i}); K) \\ &\qquad + \log \int p(x^{n_i}|z^{n_i}; \hat{\theta}(x^{n_i}, z^{n_i}); K) dx^{n_i} \quad (i = 1, \ldots, K) \end{aligned}$$

である．

式 (2.55) の右辺の第二項は次式で与えられる．

$$L_{\mathrm{NML}}(z^n; K) = -\log \prod_{i=1}^{K} \left(\frac{n_i}{n}\right)^{n_i} + \log C_n(K). \tag{2.57}$$

ここに，

$$C_n(K) = \sum_{n_1+\cdots+n_K=n,\ n_i \geq 0} \frac{n!}{n_1! \cdots n_K!} \prod_{i=1}^{K} \left(\frac{n_i}{n}\right)^{n_i}.$$

である．

DNML に基づくモデル選択は，x^n が与えられたときに，式 (2.55) を最小化する z^n と K を求めることによって得られる．ただし，z^n に関する最小化は計算的に難しいので，実際には $\hat{z}^n(x^n)$ を EM アルゴリズムなどによる何らかの x^n からの推定値として，

$$L_{\mathrm{DNML}}(x^n; K) = L_{\mathrm{NML}}(x^n|\hat{z}^n(x^n); K) + L_{\mathrm{NML}}(\hat{z}^n(x^n); K) \tag{2.58}$$

を最小化する K を求める．

DNML において，式 (2.57) は定理 2.8 に従って，$O(n + K)$ の計算量で非漸近的に正確に計算できる．一方，式 (2.56) は，後に述べるような LDA や確率ブロックモデル等のような離散確率変数を有する階層的な潜在変数モデルでは，同様に，定理 2.8 を用いて効率的かつ正確に計算できる．その際の計算時間は $O(\sum_{i=1}^{K}(n_i + K)) = O(n + K^2)$ で与えられる．

一方，完全変数化 MDL 規準 (2.54) については，その第二項は，一般に計算困難であり，定理 2.7 の漸近展開を用いて計算する．しかし，モデルを離散確率変数を有する階層的な潜在変数モデルに限定すると，定理 2.11 によって $O(n^2K)$ で計算できる．計算量的には DNML の方が効率的である．

完全変数化 MDL 規準の意味で最適なモデルは，定理 2.6 によって，完全変数モデルに関するミニマックスリグレットを達成する．一方で，DNML のモデル選択性能は完全変数化 MDL 規準に遜色ないものであることが実証されている[27]．

2.3.5 K-means 法

クラスタリング手法は，有限混合モデルを用いるクラスタリング以外に数多く存在する．中でも一般的なのが，**K-means 法**と呼ばれる方法である．これについて簡単に紹介しておきたい．

これは n 個のデータ点 $S = \{x_1, \ldots, x_n\}$ を，K 個のクラスターにカテゴライズするときに，クラスターの中心点集合 $V = \{\mu_1, \ldots, \mu_K\}$ に対して，各 x_i を V の中の最も距離の近いもの (最近傍) と同じクラスターに割り当てる．V としては，それらの距離の総和を最小にするように設定したい．つまり，$d(*,*)$ を与えられた距離関数として，以下の $\min_V$ を達成するような $V = \{\mu_1, \ldots, \mu_K\}$ を求めたい．

$$\min_V \sum_{i=1}^{n} \min_j d(x_i, \mu_j). \tag{2.59}$$

このような V は，S が与えられたもとで一気に求めるのは計算量的にも困難なので，以下のようにインタラクティブに求めることができる．つまり，初めに V をランダムに割り当て，データ点集合 S を最近傍にクラスタリングし，そのクラスターを固定したもとで，$\sum_{i=1}^{n} \min_j d(x_i, \mu_j)$ を最小にするように V を更新する．得られた V に対して，S を最近傍に配置し直す．これを繰り返す．

他にもクラスタリング手法としては，デンドログラムを用いる方法，自己組織化マップ，スペクトルクラスタリング等，確率分布を利用しない方法も存在する．

2.3.6 Latent Dirichlet Allocation

クラスタリングのモデルの発展として**トピックモデル**がある．このトピックとはクラスタリングのクラスターにほかならない．自然言語処理の分野でクラスターといえばトピックを表すことが多いので，この名前がついている．その意味では，前項で扱った有限混合モデルも一種のトピックモデルである．事前確率を仮定してBayes理論にフィットした形で設計されたトピックモデルとして **Latent Dirichlet Allocation** **モデル** (LDA)[3]が存在する．

自然言語処理がモチベーションであるので，データのことを単語と呼び，それらはすべて離散値をとるとし，その数を $W+1$ とする．実際の文書データの単語 w は $\mathcal{W}=\{0,1,\ldots,W\}$ の中から出てくるとする．その確率分布は有限のトピック集合 $\mathcal{Z}=\{0,1,\ldots,K\}$ のトピックが一つ定まると，それに依存した離散分布であるとする．そのパラメータベクトルを $\phi_z=(\phi_{z,0},\ldots,\phi_{z,W})$, $\sum_{j=0}^{W}\phi_{z,j}=1$, $\phi_{z,j}\geq 0\ (j=0,\ldots,W)$ として，これを $p(w;\phi_z)$ とする．

$$p(w=j;\phi_z)=\phi_{z,j}.$$

ここで，z はトピックを表す潜在変数である．しかし，このままでは有限混合モデルと同じである．ところが，LDA では z と ϕ_z の発生に事前分布を仮定する．これらも離散分布であるとし，$\theta=(\theta_0,\ldots,\theta_K)$, $\sum_{j=0}^{K}\theta_j=1$, $\theta_j\geq 0\ (j=0,\ldots,K)$ として，z の確率分布を

$$p(z=j;\theta)=\theta_j$$

とする．θ 自体の事前分布を Dirichlet 分布 $\mathrm{D}(\alpha)$, $\alpha=(\alpha_0,\ldots,\alpha_K)$ とする．また，z を固定したとき，ϕ_z の事前分布を，Dirichlet 分布 $\mathrm{D}(\beta_z)$, $\beta_z=(\beta_{z,0},\ldots\beta_{z,W})$ とする．

離散分布は試行数を1としたときの多項分布であるとみなし，その表記を $\mathrm{Mult}(\theta)$ 等と示すと，上記過程は以下のようにまとめられる．

$$\begin{aligned}
\phi_z &\sim p(\phi_z;\beta_z)=\mathrm{D}(\beta_z)\quad (z=0,\ldots,K),\\
\theta &\sim p(\theta;\alpha)=\mathrm{D}(\alpha),\\
z &\sim p(z;\theta)=\mathrm{Mult}(\theta),\\
w &\sim p(w;\phi_z)=\mathrm{Mult}(\phi_z)\ (w=0,\ldots,W).
\end{aligned}$$

$\phi_z\sim \mathrm{D}(\beta_z)$ は ϕ_z が確率分布 $\mathrm{D}(\beta_z)$ に従って発生することを意味する．

この一見複雑そうな確率モデルは事前分布が階層的に構成されているところがポイントである．この様子をグラフィカルモデルを用いて図 2.3 に示す．矢印は親ノードの変数が子ノードの変数を確率的に決定することを意味する．与えられた文書データから上記のパラメータを求めるには二つの方法がある．一つは変分 Bayes 法であり，もう一つは Gibbs サンプラーである．実際には，計算量が比較的軽い後者が用いられることが多い．ここでは後者について述べよう．

複数の文書から発生された単語列 $w^n = w_1, \ldots, w_n$ をデータとし，各 w_i は何らかのトピック z_i に対応するものとし，$z^n = z_1, \ldots, z_n$ とする．トピックを表す潜在変数集合のうち，z_i を除いたものを z_{-i} と書くとする．このとき，条件付き確率分布:

$$p(z_i = z | z_{-i}, w^n) \quad (z = 0, \ldots, K) \tag{2.60}$$

が計算できれば，これに従って z_i をサンプリングすればよい．また，θ や ϕ についても同様に条件付き確率分布を求めてサンプリングしてもよいのだが，$z^n = z_1, \ldots, z_n$ が得られれば，$\hat{\theta}$ と $\hat{\phi}_z$ は Bayes 推定量として以下のように求められる．

$$\hat{\theta}_z = \frac{n(d,z) + \alpha_z}{\sum_z n(d,z) + \sum_{j=0}^{K} \alpha_j} \quad (z = 0, \ldots, K),$$

$$\hat{\phi}_{z,w} = \frac{n(w,z) + \beta_{z,w}}{\sum_w n(w,z) + \sum_{l=0}^{W} \beta_{z,l}} \quad (w = 0, \ldots, W).$$

ここに，$n(d,z)$ は文書データ d に現れるトピック z の個数，$n(w,z)$ はトピック z に属する単語 w の出現回数である．式 (2.60) の計算は以下のように行う．

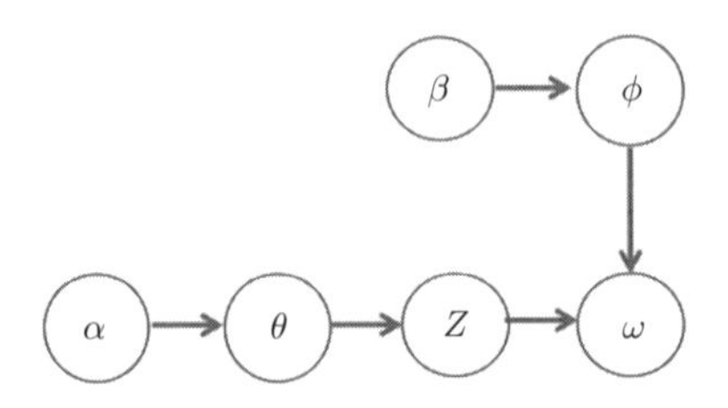

図 **2.3**　Latent Dirichlet Allocation

$$p(z_i = z|z_{-i}, w^n) \propto p(w_i|z_i = z, z_{-i}, w_{-i})p(z_i = z|z_{-i}),$$

$$p(w_i|z_i = z, z_{-i}, w_{-i}) = \frac{n_{-i,z}^{(w_i)} + \beta_{z,w_i}}{\sum_w n_{-i,z}^{(w)} + \sum_{l=0}^{W} \beta_{z,l}},$$

$$p(z_i = z|z_{-i}) = \frac{n_{-i,z}^{(d)} + \alpha_z}{\sum_z n_{-i,z}^{(d)} + \sum_{j=0}^{K} \alpha_j}.$$

ここに，$n_{-i,z}^{(w_i)}$ はトピック z の中の i 以外の箇所の w_i の出現数，$n_{-i,z}^{(d)}$ は文書 d 中の i 以外の箇所のトピック z に振り分けられた単語総出現数を表す．Gibbs サンプラーにより，上記 3 式に基づくサンプリングを，あらかじめ与えた停止条件が満たされるまで繰り返すことで，式 (2.60) を近似的に得ることができる．

以下，与えられたデータから最適なトピック数 K をデータから決定する方法を与えよう．$\hat{z}^n(x^n)$ は x^n から推定した z^n の値であるとし，これについて $n(d,z), n(w,z)$ 等の統計量は上に従うとし，$\sum_z n(d,z) = n$, $\sum_w n(w,z) = n(z)$ とする．このとき，DNML 符号長は以下のように計算できる．

$$\begin{aligned} L_{\mathrm{DNML}}(x^n; K) \quad = \quad & \sum_{z=0}^{K} \left(-\sum_{w=0}^{W} n(w,z) \log \frac{n(w,z)}{n(z)} + \log C_{n(z)}(W) \right) \\ & + \sum_{z=0}^{K} \left(-n(d,z) \log \frac{n(d,z)}{n} \right) + \log C_n(K). \end{aligned} \tag{2.61}$$

ここに，

$$C_n(K) = \sum_{n_0 + \cdots + n_K = n,\ n_i \geq 0} \frac{n!}{n_0! \cdots n_K!} \prod_{i=0}^{K} \left(\frac{n_i}{n} \right)^{n_i}. \tag{2.62}$$

である．$C_{n(z)}(W)$ と $C_n(K)$ は定理 2.8 の漸化式を用いて，それぞれ $O(n(z)+W)$ と $O(n+K)$ の計算量で効率的に計算できる．最適な K は式 (2.61) を最小化することによって得られる．

2.3.7 非負値行列因子分解

クラスタリングの一手法として**非負値行列因子分解** (non–negative matrix factorization：NMF)[11] を紹介する．これは，$I \times J$ の非負行列 X (すべての要素が

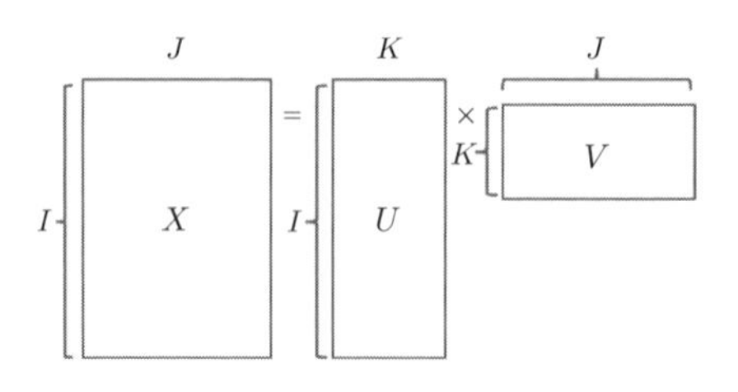

図 **2.4**　非負値行列因子分解

非負である行列) を，$I \times K$ の非負行列 U と $K \times J$ の非負値行列 V の積に分解することである．つまり，

$$X \approx UV. \tag{2.63}$$

ここに，K は I, J に比べて十分小さいとする．よって，U, V は低ランク行列である．たとえば，X が J 個の属性から成る I 個のデータを並べたものとする．非負値行列因子分解を行うと，これらが K 個のクラスターにクラスタリングされるとみなすことができる (図 2.4 参照)．その際 U の第 (i, k) 成分は i 番目のデータのクラスター k に属する程度を表す．

式 (2.63) の近似を実現するには，X と UV との乖離度を定義して，それを最小化するような U, V を求める問題を解けばよい．しかし，これは非負制約付きの非線形最適化問題であるので，解析的には解けない．そこで反復計算で近似解を求めるアルゴリズムが必要になる．そのようなアルゴリズムを以下に示そう．

いま，$X = (x_{ij})$, $U = (u_{ik})$, $V = (v_{k,j})$ として，乖離度としては，一つには自乗距離:

$$I(U, V) \stackrel{\text{def}}{=} \sum_{i=1}^{I} \sum_{j=1}^{J} \left(x_{ij} - \sum_{k=1}^{K} u_{ik} v_{kj} \right)^2 \tag{2.64}$$

を用いることが考えられる．これは，確率モデルとしては X が UV を平均とする Gauss 分布に従うモデル:

$$x_{ij} \sim \mathcal{N} \left(\sum_{k=1}^{K} u_{ik} v_{kj}, \sigma^2 \right)$$

を考え，パラメータ U, V に関する最尤推定問題を解くことに等価である．ここに，分散 σ^2 は既知とする．

自乗誤差を乖離度に選んだ場合には，式 (2.64) は以下のように書ける．

$$I(U,V) = \sum_{i=1}^{I}\sum_{j=1}^{J}\left(x_{ij}^2 - 2x_{ij}\sum_{k=1}^{K}u_{ik}v_{kj} + \left(\sum_{k=1}^{K}u_{ik}v_{kj}\right)^2\right).$$

ここで，以下の **Jensen (イエンセン) の不等式**を用いて，$I(U,V)$ の上界を評価する．

補題 2.1 (Jensen の不等式) f が下に凸の関数であるとするとき，任意の確率関数 p について次式が成り立つ．

$$f(E_p[x]) \leq E_p[f(x)].$$

ここで，E_p は p に関する平均を表す．　◁

これを用いると，$f(x) = x^2$ の凸性を利用することにより，$\{p_{ikj}\}$ を $\sum_k p_{ikj} = 1$，$p_{ikj} \geq 0$ とすると，

$$\left(\sum_{k=1}^{K}u_{ik}v_{kj}\right)^2 = \left(\sum_{k=1}^{K}p_{ikj}\frac{u_{ik}v_{kj}}{p_{ikj}}\right)^2 \leq \sum_{k=1}^{K}p_{ikj}\left(\frac{u_{ik}v_{kj}}{p_{ikj}}\right)^2 = \sum_{k=1}^{K}\frac{u_{ik}^2v_{kj}^2}{p_{ikj}}.$$

等号は

$$p_{ikj} = \frac{u_{ik}v_{kj}}{\sum_{k=1}^{K}u_{ik}v_{kj}} \tag{2.65}$$

であり，かつ $p_{i1j} = \cdots = p_{iKj}$ のときに成立する．これから，$I(U,V)$ の上界は以下で与えられることがわかる．

$$I(U,V) \leq \sum_{i=1}^{I}\sum_{j=1}^{J}\left(x_{ij}^2 - 2x_{ij}\sum_{k=1}^{K}u_{ik}v_{kj} + \sum_{k}\frac{u_{ik}^2v_{kj}^2}{p_{ikj}}\right). \tag{2.66}$$

この右辺を u_{ik} および，v_{kj} で微分してゼロとおくと，

$$u_{ik} = \frac{\sum_{j=1}^{J}x_{ij}v_{kj}}{\sum_{j=1}^{J}v_{kj}^2/p_{ikj}}, \tag{2.67}$$

$$v_{kj} = \frac{\sum_{i=1}^{I} x_{ij} u_{ik}}{\sum_{i=1}^{I} u_{ik}^2 / p_{ikj}} \tag{2.68}$$

を得る．そこで，式 (2.65) を式 (2.67), (2.68) の右辺に代入することにより，以下の更新式を得る．

$$u_{ik} \leftarrow u_{ik} \frac{\sum_{j=1}^{J} x_{ij} v_{kj}}{\sum_{j=1}^{J} \left(\sum_{k'=1}^{K} u_{ik'} v_{k'j} \right) v_{kj}},$$

$$v_{kj} \leftarrow v_{kj} \frac{\sum_{i=1}^{I} x_{ij} u_{ik}}{\sum_{i=1}^{I} \left(\sum_{k'=1}^{K} u_{ik'} v_{k'j} \right) u_{ik}}.$$

初期値を適切に設定し，上記更新を繰り返すことにより，適当な停止条件のもとで NMF の解を得る．u_{ik}, v_{kj} は初期値を非負にしておけば，上記更新によって非負値性の制約は保たれることに注意されたい．

実は，上記の繰り返しにより $I(U, V)$ は単調に減少する．それは一般に，以下の補題によって理論的に保証されている．

補題 2.2 (補助変数がある場合の最適化アルゴリズムの収束性)[11] θ, λ を変数とし，

$$D(\theta) = \min_{\lambda} F(\theta, \lambda)$$

とするとき，

$$\lambda \leftarrow \operatorname*{argmin}_{\lambda} F(\theta, \lambda), \tag{2.69}$$

$$\theta \leftarrow \operatorname*{argmin}_{\theta} F(\theta, \lambda) \tag{2.70}$$

の反復を行うことにより，$D(\theta)$ は θ に関して単調に減少する．　$\triangleleft$

つまり，$\theta = (U, V)$, $\lambda = p_{ikj}$ とし，$F(\theta, \lambda)$ を式 (2.66) の右辺とするとき，上記で与えた NMF のプロセスはまさに式 (2.69), (2.70) の反復を行っていることに

相当する．補題 2.2 により，反復を繰り返すごとに $I(U,V)$ の値は単調減少することが保証される．この場合，λ を補助変数と呼び，補助変数を介して極小解を得る方法を補助変数法と呼ぶ．

また，乖離度の基準として一般化 Kullback–Leibler (カルバック–ライブラー) のダイバージェンス (generalized Kullback-Leibler divergence):

$$I(U,V) \stackrel{\text{def}}{=} \sum_{i=1}^{I}\sum_{j=1}^{J}\left(x_{ij}\log\frac{x_{ij}}{\sum_{k=1}^{K}u_{ik}v_{kj}} - x_{ij} + \sum_{k=1}^{K}u_{ik}v_{kj}\right) \tag{2.71}$$

を用いることも考えられる．これは，確率モデルとしては X が UV を平均とする Poisson (ポアソン) 分布に従うモデル:

$$x_{ij} \sim \frac{\left(\sum_{k=1}^{K}u_{ik}v_{kj}\right)^{x_{ij}}\exp\left(-\sum_{k=1}^{K}u_{ik}v_{kj}\right)}{x_{ij}!} \tag{2.72}$$

を考え，パラメータ U,V に関する最尤推定問題を解くことに等価である．これは式 (2.72) の負の対数尤度をとり，Stirling (スターリング) 近似公式：$\log x! \approx x\log x - x$ を用いることで容易に示される．

乖離度として式 (2.71) を用いたときも自乗距離の場合と同様な反復計算を求めることができる．この場合，Jensen の不等式により，

$$-\log\sum_{k=1}^{K}u_{ik}v_{kj} \leq -\sum_{k=1}^{K}p_{ikj}\log\frac{u_{ik}v_{kj}}{p_{ikj}}$$

であることを用いると，式 (2.71) の上界は以下のように求められる．

$$I(U,V) \leq \sum_{i=1}^{I}\sum_{j=1}^{J}\left(x_{ij}\log x_{ij} - x_{ij}\sum_{k=1}^{K}p_{ikj}\log\frac{u_{ik}v_{kj}}{p_{ikj}} - x_{ij} + \sum_{k=1}^{K}u_{ik}v_{kj}\right).$$

そこで，この上界の最小化を目指して自乗誤差のときと同様のプロセスを行うと，以下の更新式を得る．

$$u_{ik} \leftarrow u_{ik}\frac{\sum_{j=1}^{J}\left(x_{ij}v_{kj}/\sum_{k'=1}^{K}u_{ik'}v_{k'j}\right)}{\sum_{j=1}^{J}v_{kj}},$$

$$v_{kj} \leftarrow v_{kj} \frac{\sum_{i=1}^{I} \left(x_{ij} u_{ik} / \sum_{k'=1}^{K} u_{ik'} v_{k'j} \right)}{\sum_{i=1}^{I} u_{ik}}.$$

この反復によって NMF の解が得られる．

なお，NMF はクラスター構造を与えるだけでなく，いくつかの値が欠損した行列の補完に用いることができる．これを**行列補完**の問題と呼ぶ．$X = (x_{ij})$ のうち欠損していない集合を Γ とすると，欠損値を含む NMF の問題は，自乗誤差基準を用いる場合は，観測されたデータのみを用いて

$$\tilde{I}(U,V) = \sum_{(i,j):x_{ij} \in \Gamma} \left(x_{ij} - \sum_{k=1}^{K} u_{ik} v_{kj} \right)^2$$

を U, V に関して最小化する問題に帰着できる．その際，更新式は，すべての i, j, k について，適当な初期値を与えることにより，

$$u_{ik} \leftarrow u_{ik} \frac{\sum_{j:x_{ij} \in \Gamma} x_{ij} v_{kj}}{\sum_{j:x_{ij} \in \Gamma} \left(\sum_{k'=1}^{K} u_{ik'} v_{k'j} \right) v_{kj}},$$

$$v_{kj} \leftarrow v_{kj} \frac{\sum_{i:x_{ij} \in \Gamma} x_{ij} u_{ik}}{\sum_{i:x_{ij} \in \Gamma} \left(\sum_{k'=1}^{K} u_{ik'} v_{k'j} \right) u_{ik}}$$

のように与えられる，その結果得られた U, V を用いて，

$$\hat{X} = UV$$

とおけば，$\hat{X}$ は X の欠損値を補完した行列になっている．このような行列補完は**推薦**等に用いることができる．たとえば，行を顧客，列を商品とし，行列要素を買った頻度を表すとする．行列補完は，顧客がまだ買っていない商品を買うか買わないかを予測することにつながる．まさしく，商品推薦に直接的に結びつく技術である．

2.3.8 確率的ブロックモデル

N 個の対象が与えられたとき，これらの関係性をクラスタリングしたいとする．N 個の対象の関係は $X=(x_{ij})$ の行列で示されているとする．ここで，i 番目と j 番目の対象が関係していれば $x_{ij}=1$ を，関係していなければ $x_{ij}=0$ を付与するとする．このようなデータを**関係データ**と呼ぶ．関係データは関係性のあるなしで，大まかに有限個のブロックに分かれているとする．このようなブロックを関係クラスターと呼ぶ．与えられたデータから関係クラスターの構造を推定しようというのが本項の問題である．

このような関係性を表す確率モデルとして，**確率的ブロックモデル** (stochastic block model：SBM)[25]が存在する．SBM では，一つの対象が二つのクラスターの組合せで指定される．二つのクラスターとは，行に対応するクラスターと列に対応するクラスターであり，それらのクラスターは共に潜在変数としてみなされる．それらを Z_i, W_j とおこう．Z_i, W_j はいずれも $\{0,\ldots,K\}$ の中から選ばれるとする．ここに，K は与えられた正整数である．

Z_i がパラメータ $\pi_r=(\pi_0^{(r)},\ldots,\pi_K^{(r)})$ $\sum_{i=0}^{K}\pi_i^{(r)}=1$, $\pi_i^{(r)}\geq 0$ $(i=0,\ldots,K)$ で指定された離散分布に従って発生しているとする．この分布を $\mathrm{Mult}(\pi_r)$ と書く．同様に列に対応するクラスター W_j は $\mathrm{Mult}(\pi_c)$ に従うとする．また，π_r,π_c は互いに同一のパラメータ $\alpha=(\alpha_0,\ldots,\alpha_K)$ で指定される Dirichlet 分布 $\mathrm{D}(\alpha)$ に従って発生しているとする (式 (2.51) 参照)．

また，対象 i と j の関係データ X_{ij} は i と j が関係あるときには 1 を，関係ないときには 0 を値としてとるとする．そして，X_{ij} は i と j のそれぞれのクラスター Z_i と W_j に対して決まる $\phi_{Z_iW_j}$ をパラメータとする Bernoulli 分布に従って確率的に割り当てられるとする $(0\leq\phi_{Z_iW_j}\leq 1)$．つまり，$P(X_{ij};\phi_{Z_iW_j})=\phi_{Z_iW_j}^{X_{ij}}(1-\phi_{Z_iW_j})^{1-X_{ij}}$ また，$\phi_{Z_iW_j}$ 自体も $\beta=(\beta_0,\beta_1)$ をパラメータとするベータ分布 $\mathrm{Beta}(\beta)\propto\phi_{z_iW_j}^{\beta_0-1}(1-\phi_{z_iW_j})^{\beta_1-1}$ に従って発生しているとする．

以上をまとめると，x_{ij} の生成過程は以下のように与えられる (図 2.5 参照)．

$$
\begin{aligned}
\pi_r,\pi_c &\sim \mathrm{D}(\alpha),\\
Z_i &\sim \mathrm{Mult}(\pi_r),\\
W_j &\sim \mathrm{Mult}(\pi_c),\\
\phi_{Z_iW_j} &\sim \mathrm{Beta}(\beta),
\end{aligned}
$$

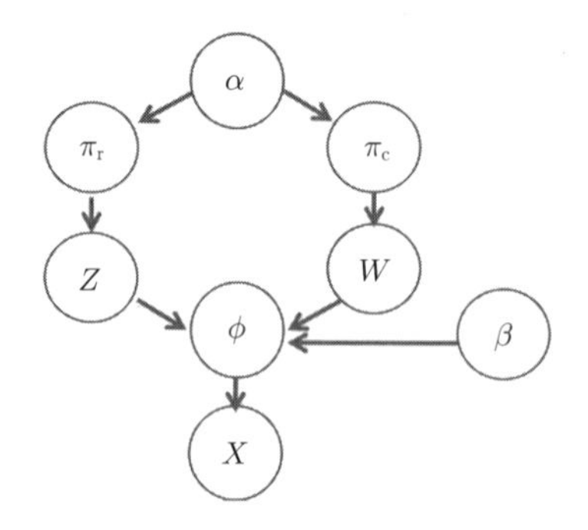

図 2.5　確率的ブロックモデル

$$X_{ij} \sim \mathrm{Bernoulli}(\phi_{Z_i W_j}).$$

これがオリジナルなSBMの定義である (図2.6参照). π_r, π_c はGibbsサンプラーなどで推定すればよい.

ここでは, クラスター数 K の決定を問題にしたい. そこで, もう少し簡単なモデルを扱うことにしよう. $\pi_r = \pi_c = \pi$ であり, 行方向のクラスターと列方向のクラスターが一致している場合を考える. つまり, 生成過程は以下のように簡単化される (図2.6参照).

$$\pi \sim \mathrm{D}(\alpha),$$
$$Z_i \sim \mathrm{Mult}(\pi),$$
$$X_{ij} \sim \mathrm{Bernoulli}(\phi_{Z_i Z_j}).$$

データ列 $D = (z^N, x^{N\times N})$ が与えられたとする. $z^N = z_1, \ldots, z_N$ はクラスター列を示す潜在変数列であるとし, $z_i \in \{0, \ldots, K\}$ は i 番目の対象が属するクラスターを示す. $x^{N\times N} = (x_{ij})$ $(i, j \in \{1, \ldots, N\})$ は関係データであるとする. 実際には観測されるのは $x^{N\times N}$ のみだが, z^N も先に述べたようなGibbsサンプラーなどを用いるなどにより, 何らかの形で推定され, 与えられているとする.

以下, 与えられたデータからDNML符号長に基づいて最適なブロック数 K をデータから決定する方法を与えよう. $\hat{z}^n(x^n)$ は x^n から推定した z^n の値であるとし, これについて, n_{i_1,i_2} は2次元クラスタ (i_1, i_2) に属する z^n の中のデータ数とする. また, $n^{\ell}_{i_1,i_2}$ $(\ell = 0, 1)$ は, 対応する z が2次元クラスタ (i_1, i_2) に属

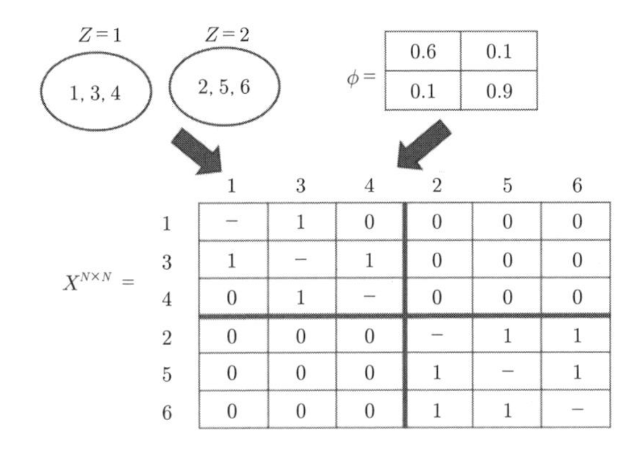

図 **2.6**　確率的ブロックモデルの構造

し，かつ $X_{ij} = \ell$ であるデータ数とする．このとき，ブロック総数 K に対して，DNML 符号長は以下のように計算できる．

$$L_{\mathrm{DNML}}(x^n;K) = \sum_{i_1}\sum_{i_2}\left(-n^0_{i_1,i_2}\log\frac{n^0_{i_1,i_2}}{n_{i_1,i_2}} - n^1_{i_1,i_2}\log\frac{n^1_{i_1,i_2}}{n_{i_1,i_2}} + \log C_{n_{i_1,i_2}}(2)\right)$$
$$+\sum_{i_1}\sum_{i_2}\left(-n_{i_1,i_2}\log\frac{n_{i_1,i_2}}{n}\right) + \log C_n(K). \tag{2.73}$$

ここで，$C_{n_{i_1,i_2}}(2)$ と $C_n(K)$ は (2.62) に従うとし，定理 2.8 の漸化式を用いて，それぞれ $O(n_{i_1,i_2})$ と $O(n+K)$ の計算量で効率的に計算できる．最適な K は式 (2.73) を最小化することによって得られる．

以上，関係データのクラスタリングを示してきた．関係データは行列で表現されるデータである．一方，ベクトルで表現された従来の形式のデータを**属性データ**と呼ぶ，属性データと関係データが入り混じっている場合を扱うことがある．こうしたデータを扱うモデルを**一般関係データモデル**と呼んでいる．

2.3.9　制約付き Boltzmann マシン

制約付き Boltzmann マシンは画像などの大次元データの教師なし学習のモデルとして用いられる潜在変数モデルである．これは，Boltzmann マシンと呼ばれるモデルに制約を与えたものである．その確率モデルを以下に定式化する．

$X = (X_1, \dots, X_n)^{\mathrm{T}} \in \{0,1\}^n$ を n 次元観測変数，$Z = (Z_1, \dots, Z_k)^{\mathrm{T}} \in \{0,1\}^k$ を k 次元潜在変数として，**制約付き Boltzmann マシン**[24](restricted Boltzmann machine：RBM) とは，(X, Z) の同時確率分布と X の分布の確率密度関数が以下のような形式で与えられるモデルである．

$$P(X, Z; \theta) = \frac{1}{C(\theta)} \exp\bigl(\psi(X, Z; \theta)\bigr), \tag{2.74}$$

$$P(X; \theta) = \sum_Z P(X, Z; \theta).$$

ここで，θ は RBM のパラメータベクトル，$\psi(X, Z; \theta)$ は以下で定められるエネルギー関数であり，$C(\theta)$ は規格化定数である．つまり，RBM は X と Z が図 2.7 のように結合したモデルである．

$$\psi(X, Z; \theta) = \sum_{i=1}^{n} \sum_{j=1}^{k} X_i W_{ij} Z_j + \sum_{i=1}^{n} b_i X_i + \sum_{j=1}^{k} c_j Z_j,$$

$$C(\theta) = \sum_{X \in \{0,1\}^n} \sum_{Z \in \{0,1\}^k} \exp\bigl(\psi(X, Z; \theta)\bigr). \tag{2.75}$$

ここに，$W \in \boldsymbol{R}^{n \times k}, b \in \boldsymbol{R}^n, c \in \boldsymbol{R}^k$ は RBM のパラメータであり，これらをすべてまとめて θ で表している．

表現を簡潔にするため，パラメータ b と c は除いて考えることができる．なぜなら，$X' = (X^{\mathrm{T}}, 1)^{\mathrm{T}}$, $Z' = (Z^{\mathrm{T}}, 1)^{\mathrm{T}}$

$$W' = \begin{pmatrix} W & b \\ c^{\mathrm{T}} & 0 \end{pmatrix}$$

とおくことにより，パラメータをすべて W' の中に含ませることができるからである．以下，このような型式を扱い，θ の代わりに W をパラメータとする．

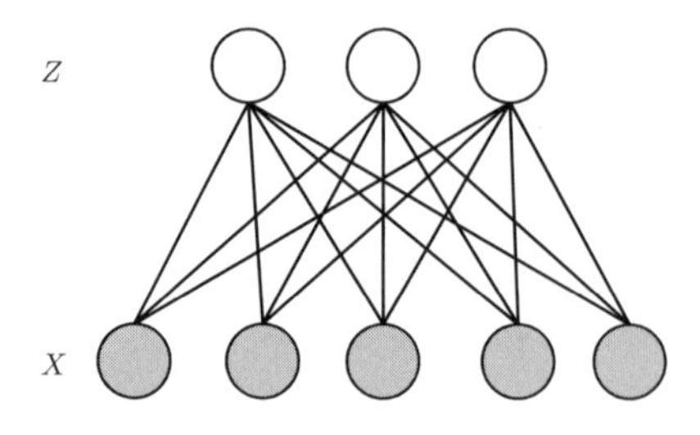

図 **2.7**　制約付き Boltzmann マシン

RBMは有限混合モデルと同様，潜在変数モデルである(図2.7参照)．潜在ノードの数をkとすると(有限混合モデルでは混合数)，有限混合モデルではどのクラスターをとり得るかで，k個の隠れ状態が存在するが，RBMでは各ノードの値のとり方の組合せだけで2^k通りの状態が存在する．それだけ同一の潜在変数の数に対して確率モデルの表現力がRBMのほうが高いといえる．

一般に，式(2.75)で定義される$C(\theta)$は計算的に困難であるが，式(2.74)の形から，条件付き確率$P(X|Z;W)$と$P(Z|X;W)$は以下のように効率的に求めることができる．

$$P(X|Z;W) = \prod_{i=1}^{n} P(X_i \mid Z;W),$$
$$P(X_i = 1|Z;W) = \sigma\left(\sum_{j=1}^{k} W_{ij} Z_j\right), \tag{2.76}$$

$$P(Z|X;W) = \prod_{j=1}^{k} P(Z_j \mid X;W),$$
$$P(Z_j = 1|X;W) = \sigma\left(\sum_{i=1}^{n} X_i W_{ij}\right). \tag{2.77}$$

ここに，$\sigma()$はシグモイド関数:

$$\sigma(x) = 1/(1+e^{-x})$$

である．これに基づいて同時分布(2.74)からのサンプリングをGibbsサンプラーを用いて行うことができる．つまり，$P(Z|X;W)$に基づいてZのサンプリングを行い，$P(X|Z;W)$に基づいてXのサンプリングを行うことを交互に行えばよい．

以下，RBMのパラメータの最尤推定の効率的近似計算の方法を示す．これは勾配降下法の一種であり，以下のように与えられる．データ列$x^N = x_1, \ldots, x_N$が与えられたもとで，$W = (W_{ij})$を以下のように更新する．ℓを反復のインデックスとして，

$$W_{ij}^{(\ell+1)} = W_{ij}^{(\ell)} + \eta \sum_{t=1}^{N} \frac{\partial}{\partial W_{ij}} \log P(x_t; W^{(\ell)})$$

に従って反復する．ここに，ηは正の定数である．

$x = (x_1, \ldots, x_n)^{\mathrm{T}}$ が与えられたもとでの RBM の対数尤度は以下のように与えられる．

$$\log P(x; W) = \log \sum_{z} e^{\sum_{i,j} x_i W_{ij} z_j} - \log \sum_{\tilde{x}, z} e^{\sum_{i,j} \tilde{x}_i W_{ij} z_j}. \tag{2.78}$$

よって，その W_{ij} に関する微分は

$$\frac{\partial \log P(x; W)}{\partial W_{ij}} = E[Z_j | x; W] x_i - \sum_{\tilde{x}} P(\tilde{x}; W) E[Z_j | \tilde{x}; W] \tilde{x}_i \tag{2.79}$$

で与えられる．ここで，$E[Z_j|x; W] = P(Z_j = 1|x; W)$ を用いると，式 (2.79) の第一項は式 (2.77) により計算することができる．

一方，式 (2.79) の第二項については，以下のようにサンプリングで期待値計算を近似する．つまり，$\tilde{x}^{(T)}$ を Gibbs サンプラーによる T 回目の反復の結果としての $P(X|Z; W)$ から発生した値であるとすると，これを用いて，以下の近似を得る．

$$\frac{\partial \ln P(x; W)}{\partial W_{ij}} \approx E[Z_j | x; W] x_i - E[Z_j | \tilde{x}^{(T)}; W] \tilde{x}_i^{(T)}.$$

通常，$T = 1$ とおかれる．このようなサンプリングによる近似的計算は **Contrastive Divergence 法**と呼ばれている[7]．その計算時間は $O(nk)$ で与えられる．

RBM の潜在変数の値を入力として，さらに RBM を重ねることを多層化と呼ぶ．多層化を繰り返して得られるモデルを**ディープ Boltzmann マシン**と呼ぶ．層が進むにつれて，入力データに対してより抽象化された情報が潜在ノードにおいて得られることになる．このような潜在ノードの値を得ることは一種の**特徴選択**といえる．

教師なし学習では，本節で紹介したモデルのほかに，特に重要なものの一つに，ベイジアン (Bayesian) ネットワークなどの確率的グラフィカルモデルが挙げられる．これは多変数の依存関係を確率的に扱うものである．また，もう一つに隠れ Markov モデルが挙げられる．これは時系列データの潜在構造として内部状態の Markov 連鎖を仮定したモデルである．本書では紙面の都合で割愛する．

2.4　教師あり学習と分類

本節では教師あり学習，つまり分類学習の問題について，具体的なモデルを紹介する．

2.4.1 確率的決定木の学習

教師あり学習においてラベルが有限集合に値をとる場合を考える．つまり，m を与えられた正の整数値として，$\mathcal{Y} = \{0, 1, \ldots, m\}$ とする．属性値も簡単のため，d を与えられた正の整数値として $\mathcal{X} = \{0, 1\}^d$ 上の値をとるとする．いま，木構造が与えられて，$X \in \mathcal{X}$ の属性値の条件を辿って到達したリーフ (葉) に応じて $\mathcal{Y}$ の元を確率的に振り分けるようなモデルを**確率的決定木**と呼ぶ．決定木は最も古典的な知識表現の一つである[15]．

ここでは，簡単のため，一つのノードが表す条件は一つの属性のみで指定されるものとする．たとえば，ノードに X_1 とあれば，X_1 の値が 1 ならば右方向の下部ノードへ，0 ならば左方向の下部ノードへ進むことを示す．そして辿り着いたリーフにおいて $\mathcal{Y}$ 上の確率分布が割り当てられている．図 2.8 に例を示す．

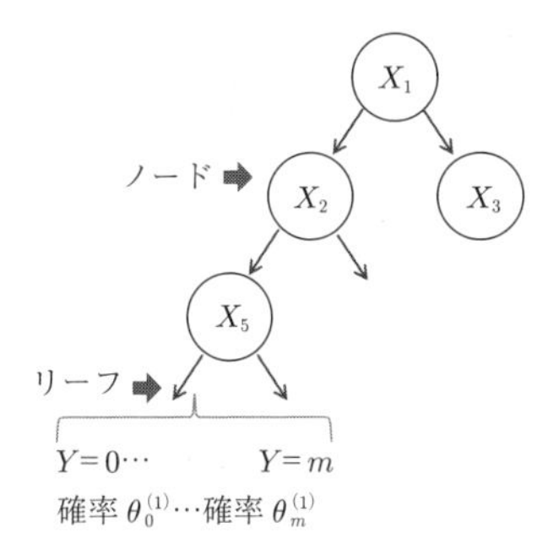

図 **2.8** 確率的決定木

与えられた木構造を $\mathcal{T}$ と記す．この部分木の全体を $\mathcal{M}$ とする．$M \in \mathcal{M}$ を一つ固定して，そのリーフの総数が k 個で，これらがインデックス i で指定されているとする．i 番目のリーフで $Y = j$ が割り付けられる確率を $\theta_j^{(i)}$ $(i = 1, \ldots, k,\ j = 0, \ldots, m)$ とする．そこで，$\theta = (\theta^{(1)}, \ldots, \theta^{(k)})$, $\theta^{(i)} = (\theta_0^{(i)}, \ldots, \theta_m^{(i)})$ $(i = 1, \ldots, k)$ として，確率的決定木を M および θ で指定される条件付き確率分布 $P(Y|X; \theta, M)$ の形で記す．

長さ n の属性値とラベルの組であるデータの列 $D^n = D_1, \ldots, D_n$, $D_i = (x_i, y_i) \in \mathcal{X} \times \mathcal{Y}$ $(i = 1, \ldots, n)$ が与えられたとき，i 番目のリーフに辿り着くデータの数を $n^{(i)}$, その中で $Y = j$ であるデータの数を $n_j^{(i)}$ とする．D^n の木構

造 M に対する確率的コンプレキシティは，各ノードにおけるデータの符号長とそこに辿り着くまでの木構造の符号長の和として次式で与えられる．

$$\sum_{i=1}^{k}\left\{n^{(i)}H\left(\frac{n_0^{(i)}}{n^{(i)}},\ldots,\frac{n_m^{(i)}}{n^{(i)}}\right)+\frac{m}{2}\log\frac{n^{(i)}}{2\pi}\right\}+k\log\frac{\pi^{\frac{m+1}{2}}}{\Gamma\left(\frac{m+1}{2}\right)}+\mathcal{L}(M). \tag{2.80}$$

ここに，$H(z_0,\ldots,z_m)=-\sum_{i=0}^{m}z_i\log z_i$ であり，$\mathcal{L}(M)$ は $\sum_{M\in\mathcal{M}}2^{-\mathcal{L}(M)}\leq 1$ を満たす，木構造 M の符号長である．

以下に，$\mathcal{L}(M)$ を木構造を反映する形で計算する方法を与える．T の内部ノード(リーフでないノード)の数の全体のノードの数に対する比率を P_1 とし，$P_0=1-P_1$ とおく．$M\in\mathcal{M}$ の事前確率を以下のように定める．

$$P(M)=\frac{2^{-\mathcal{L}(M)}}{\sum_{M\in\mathcal{M}}2^{-\mathcal{L}(M)}}.$$

ここに，

$$\mathcal{L}(M)=-N_1(M)\log P_1-N_0(M)\log P_0+\sum_u l(u) \tag{2.81}$$

であり，$N_1(M)$ は M の内部ノードの総数，$N_0(M)$ は M のリーフの総数，$l(u)$ は内部ノード u の条件の符号化に必要な符号長である．

M を上記の $P(M)$ に基づいて符号化すると，その符号長は $-\log P(M)=\mathcal{L}(M)+\log\sum_{M\in\mathcal{M}}2^{-\mathcal{L}(M)}$ で与えられるが，第二項は M によらないため，式(2.81)で与えられる $\mathcal{L}(M)$ を M の符号長としても差支えない．

このような確率的決定木をデータから学習するプロセスは，成長過程と刈込みに分かれる．成長過程とは，データから木を大きくしていく過程である．刈込み過程とは，最大になった木から枝を刈込み，最良な木を求める過程である．

まず，成長過程を示す．方針としては，与えられたデータに対して，ノード分轄条件として最適なものを MDL 原理に従って求め，データがなくなるか，これ以上記述長が小さくならなくなるまで木を成長させる．与えられたデータ系列を $D^n=(\mathbf{x}_1,y_1),\ldots,(\mathbf{x}_n,y_n)$ とするとき，D^n の離散分布に対する確率的コンプレキシティは

$$SC(D^n)=nH\left(\frac{n_0}{n},\ldots,\frac{n_m}{n}\right)+\frac{m}{2}\log\frac{n}{2\pi}+\log\frac{\pi^{\frac{m+1}{2}}}{\Gamma\left(\frac{m+1}{2}\right)}$$

と計算できる．ここに，n_j は $Y=j$ であるデータの個数である $(j=0,\ldots,m)$．i 番目の属性値が $X_i=1$ となる部分データ集合を $D^n_+(i)$, $X_i=0$ となる部分データ集合を $D^n_-(i)$ とするとき，成長過程では，ノード分割によって確率的コンプレキシティが最も減少するようなノード条件を選ぶ．つまり，

$$\Delta(i;D^n)\stackrel{\mathrm{def}}{=}SC(D^n)-\{SC(D^n_+(i))+SC(D^n_-(i))\} \tag{2.82}$$

とおいて，ある閾値 $\tau>0$ を設定して，

$$\Delta(i;D^n)>\tau \tag{2.83}$$

を満たしつつ，

$$\Delta(i;D^n)\Longrightarrow\max\ \text{w.r.t. } i \tag{2.84}$$

となるような属性 i を求めて，これをノード条件によって分割する．分轄されたデータに対しては同様の操作を行い，データがなくなるか，式 (2.83) が満たされなくなったところで木の成長を終了する．式 (2.83) はノードを分割することで記述長が τ よりも短くなるという条件を示す．ここで，式 (2.82) の尺度において，$SC(D^n)$ の代わりに，経験エントロピー:

$$-n\sum_i\frac{n_i}{n}\log\frac{n_i}{n}$$

や，ジニ指標:

$$\sum_i\frac{n_i}{n}\left(1-\frac{n_i}{n}\right)$$

を用いることがある．

次に，刈込み過程を示す．ここでは，MDL 原理に基づいて確率的コンプレキシティ(2.80) を最小化する M を求めることが目標となる．ここで，$\mathcal{M}$ の要素数は $\mathcal{T}$ の深さの指数オーダであるので，全解探索を行うのは現実的ではない．そこで，木構造の再帰性と式 (2.81) の符号化法の特性を用いて効率的に解を探索することができる．この刈込みアルゴリズムを以下に示そう．

Step 1. **初期化:**

$\hat{M}=\mathcal{T}$ とおき，$\mathcal{T}$ の各リーフ u に以下の $L(u)$ を対応させる．

$$L(u)=-\log P_0+I(u).$$

ここに，$n^{(u)}$ は u に辿り着いたデータ数，$n_j^{(u)}$ はそのうち $Y=j$ であったデータ数を表すとし，$I(u)$ を次式で計算する．

$$I(u) = n^{(u)} H\left(\frac{n_0^{(u)}}{n^{(u)}}, \ldots, \frac{n_m^{(u)}}{n^{(u)}}\right) + \frac{m}{2}\log\frac{n^{(u)}}{2\pi} + \log\frac{\pi^{\frac{m+1}{2}}}{\Gamma\left(\frac{m+1}{2}\right)}.$$

Step 2. 再帰的刈込み:
u をリーフから始めて，ボトムアップに以下の計算を再帰的に繰り返す．uv は u につながるノードを表す．
2.1) $n_j^{(u)} = \sum_v n_j^{(uv)}$ $(j=0,\ldots,m)$.
2.2) $L(u) = \min\{-\log P_0 + I(u),\ -\log P_1 + l(u) + \sum_v L(uv)\}$.
2.3) $-\log P_0 + I(u) \leq -\log P_1 + l(u) + \sum_v L(uv)$ ならば，すなわち，ノード u につながる木を刈り込むことで記述長が小さくなるならば，$\hat{M}$ から u につながる子ノードをすべて刈り取って，これを新たな $\hat{M}$ とする．そうでなければ，$\hat{M}$ を更新しない．
Step 3. 出力:
u がルート (根) になったら停止し，$\hat{M}$ を出力する．

確率的決定木は領域を有限分割し，各分割区間上に一定の離散分布を貼り付けた条件付き確率分布である．このような型式をもつ確率分布のクラスを**有限分割型の確率的規則**と呼ぶ．その代表的な表現としては，確率的決定木のほかに**確率的決定リスト**がある．これらに対する一般的な学習アルゴリズムに関しては文献 [33] (pp.38–46) を参照されたい．また，有限分割型の確率的規則の MDL 規準に基づく学習結果が真のモデルに収束する速度についても詳細に研究されている．興味ある読者は文献 [33] (pp.46–58) を参照されたい．

分類学習では，複数の学習器を組み合わせて，単一の学習器を用いた場合よりも分類精度を上げるための方法論が発展している．そのような方法は**アンサンブル学習**と呼ばれる．その一つとして，**ランダムフォレスト**という手法がある．これは，訓練データ集合からランダムに複数の部分データセットを抽出し，それぞれに対して学習を行う．新しいデータに対する予測の際は，これらの複数の学習済みの学習器を組み合わせて用いる．たとえば，学習器としては決定木を用いて，それらの組合せ方としては，分類の場合は多数決，回帰や確率予測の場合には平均値を用いる．また，それぞれの学習器に用いる変数もすべて使わず，ランダムに選択して用いる．他の集合学習の形態としては，ブースティングやバッギングなどというものも存在する．

2.4.2 人工ニューラルネットワークとその周辺

教師あり学習においてしばしば利用されるモデルとして**人工ニューラルネット**がある．これは入出力関係をネットワークの形で与え，事例からネットワークの重みを学習していく手法である．つまり，知識の獲得はすべてネットワークの重みを通じて行われるというモデルである．これは神経回路の可塑性 (重みが変化して入出力関係を変えること) をモデリングしたものである．

最初に発明された人工ニューラルネットモデルは**パーセプトロン**と呼ばれる学習機械である[20]．これは，d 次元入力ベクトル $x = (x_1, \ldots, x_d)^{\mathrm{T}} \in \boldsymbol{R}^d$ を m 次元出力ベクトル $\hat{y} = (\hat{y}_1, \ldots, \hat{y}_m)^{\mathrm{T}} \in \{0,1\}^m$ に変換する変換器であるが，その過程で一旦，バイナリの k 次元潜在変数ベクトル $z = (z_1, \ldots, z_k)^{\mathrm{T}}$ に変換する．

$$z_j = \phi\left(\sum_i w_{ji} x_i - \theta\right).$$

ここに，w_{ji} は i 番目の入力ノードから j 番目の潜在ノードへつながる重みであり，θ は与えられた閾値である．$\phi(z)$ は $z > 0$ ならば 1 を，そうでなければ 0 を与える関数である．さらに，m 次元出力値 $\hat{y} = (\hat{y}_1, \ldots, \hat{y}_m)^{\mathrm{T}} \in \{0,1\}^m$ は z を変換して，

$$\hat{y}_\ell = \phi\left(\sum_j w'_{\ell j} z_j - \theta'\right)$$

として計算される．ここに，θ' は与えられたしきい値である．$w'_{\ell j}$ は j 番目の潜在ノードから ℓ 番目の出力ノードにつながる重みである (図 2.9)．以上の構成において，重み w_{ji} は最初から固定されており，$w'_{\ell j}$ だけが学習により可変であるとする．そこで，教師信号としての出力値 $y = (y_1, \ldots, y_m)$ から重み $w'_{\ell j}$ を以下の更新則によって更新する．

$$w'_{\ell j} \leftarrow w'_{\ell j} + \eta(y_\ell - \hat{y}_\ell) z_j.$$

ここに，η は正の定数である．

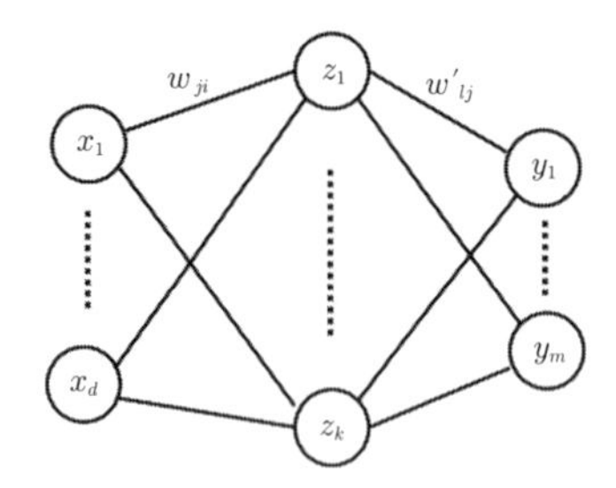

図 2.9　人工ニューラルネットワークの構造

$m=1$ の場合を考えると，上のような更新式によって，$y=1$ のデータと $y=0$ のデータが z の空間上で線形分離可能 (ある w',θ' が存在して $y=1$ と $y=0$ なるデータが $w'\cdot z\leq\theta'$ または $w'\cdot z>\theta'$ として分離できる) ならば，分離超平面を表す w' に収束することが知られている (パーセプトロンの収束定理).

しかしながら，線形分離可能性は学習対象に関して強い制限を与えている．そこで，**誤差伝播法** (またはバックプロパゲーション) と呼ばれる方法がこの問題を回避するために生まれた[21]．これは，パーセプトロンとネットワークの構成を同じにしつつ，入力ノードと潜在ノードの間の重み w_{ji} も可変であるとし，隠れノードと出力ノードの関数を

$$z_j=\sigma\left(\sum_i w_{ji}x_i\right),$$

$$\hat{y}_\ell=\sigma\left(\sum_j w'_{\ell j}z_j\right)$$

と定める．ここに，σ はシグモイド関数 $\sigma(x)=1/(1+e^{-x})$ である．エネルギー関数を教師信号，つまり正解 y_ℓ と出力値 $\hat{y}_\ell$ との自乗誤差:

$$E=(y_\ell-\hat{y}_\ell)^2$$

と定め，これを減らす方向に重みを勾配降下法で更新する．つまり，重み更新則を以下のように設定する．

$$w'_{\ell j}\leftarrow w'_{\ell j}-\eta\frac{\partial E}{\partial w'_{\ell j}}=w'_{\ell j}+2\eta(y_\ell-\hat{y}_\ell)\hat{y}_\ell(1-\hat{y}_\ell)z_j,$$

$$w_{ji} \leftarrow w_{ji} - \eta \frac{\partial E}{\partial w_{ji}} = w_{ji} + 2\eta \left(\sum_{\ell} (y_\ell - \hat{y}_\ell) \hat{y}_\ell (1 - \hat{y}_\ell) w'_{\ell j} \right) z_j (1 - z_j) x_i.$$

ここに，η は学習係数と呼ばれる定数である．この更新式は誤差を出力ノードから隠れノードへと逆伝播しているところが特徴である．このような学習規則により，パーセプトロンの限界である「学習対象が線形分離可能である」ことの制限が取り払われた．さらに，誤差伝播のアルゴリズムは隠れノードの層を多層化することにより，より表現能力を高めることができた．しかしながら，計算時間や収束速度についてはいくつか問題が残っていた．

その後，Kernel (カーネル) 法をベースとした**サポートベクトルマシン**が誕生し，分類学習精度の向上に大きな貢献をもたらした．これは，高次元空間にデータを写像し，そこでマージンとよばれる，正例と負例の距離尺度を最大化するような境界面を最適化問題を解くことにより得るという学習手法である．ただし，この学習機械では，データ間の近さを与える Kernel 関数を設計できれば，具体的な写像を計算せずとも学習を実行できる．サポートベクトルマシンついては工学教程『機械学習』[32] を参考にされたい．

一般に，教師あり学習で十分な分類学習性能を得るためには，データを素のままで扱うのではなく，一旦特徴ベクトルとよばれる重要なベクトルに置き換えてから分類学習するほうがよい．ところが，特徴ベクトルを抽出すること自体が難しく，多くは経験に委ねられていた．そこで，特徴ベクトルを自動的に抽出しながら分類学習することのできる学習機械がいくつか考案された．**オートエンコーダ**は一つの例である．これは誤差伝播モデルと同じ構造をもったネットワークに入力と同じ教師信号を与えて，出力が入力に近づくように折り返す形で重みを学習する．これは，入力から潜在ノードへの変換関数を f', 潜在ノードから出力ノードへの変換関数を f とするとき，最適化問題

$$||x - f'(W'(f(Wx)))||^2 \Longrightarrow \min \ \text{w.r.t.}\ W,\ W'$$

を考えることに相当する．そして，入力に対してこの重みを用いて計算される潜在ノードの値のベクトルが入力の特徴ベクトルになっているというものである．ここで，代わりに 2.3.9 項で紹介した RBM を用いてもよい．

オートエンコーダとして学習された重みをもつ，入力ノードと潜在ノードからなるネットワークを多層化することで，多段階に特徴ベクトルを抽出する学習法

が得られる．このような学習は**ディープラーニング**と呼ばれる[13]．ディープラーニングの例としては，画像処理に適した畳み込みニューラルネットワークなどがある．

2.4.1 項で示した確率的決定木は一般に，サポートベクトルマシンやディープラーニングと比べて分類性能は高くない．これは確率的決定木の条件付き確率分布としての表現能力が限られていることに起因する．しかしながら，確率的決定木は分類に至るまでのプロセスを明示できるので，これをデータから学習することは知識発見やデータ理解の意味では有効である．一方で，ディープラーニングでは一般に，高い分類性能を実現し，画像やビッグデータの分類や予測に有効である．しかしながら，分類の過程は複雑であり，獲得された知識をわかりやすく提示することは難しい．このように，分類性能と知識の説明能力は一般にトレードオフの関係にあるので，応用場面に応じてモデルを使い分けることが重要である．

2.5 逐次的確率予測

これまでは一括学習の問題を扱ってきた．本節では逐次予測の問題設定のもとで，いくつかの代表的な逐次予測アルゴリズムを紹介する．

2.5.1 逐次的確率予測問題の設定

これまでは，データが一括与えられたときに，その生成モデルに関する何らかの知識を抽出しようという試みの話であった．一方，学習の設定としては，データが逐次的に与えられるもとで，生成モデルをインクリメンタルに学習し，次に出てくるデータあるいはその分布を予測していくような，**逐次的予測**の問題も考えられる．この問題を以下に定式化しよう．教師ありの場合もなしの場合も同一の枠組みの中で議論できるため，ここでは，簡単のため，教師なしの場合に限って話を進める．

データの領域を $\mathcal{X}$ とする．時刻 t において，過去の系列 $x^{t-1} = x_1, \ldots, x_{t-1}$ に基づいて，$\mathcal{X}$ 上の確率密度関数 $p(X|x^{t-1})$ を出力し，その後に x_t を受け取る．これを t に関して繰り返す．このようなアルゴリズムを**逐次的確率予測アルゴリズム**と呼ぶ (図 2.10)．

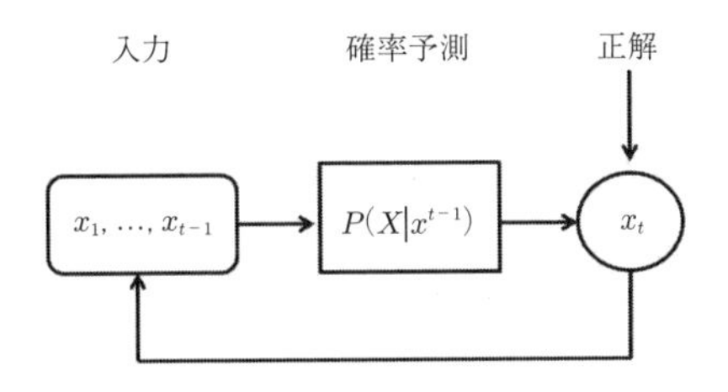

図 **2.10**　逐次的確率予測アルゴリズム

逐次的確率予測アルゴリズムの一つを $\mathcal{A}$ と記すと，その出力系列 $\{p_{\mathcal{A}}(X|x^{t-1}) : t = 1, 2, \ldots\}$ とするとき，時刻 t における $\mathcal{A}$ の予測損失を，対数損失:

$$-\log p_{\mathcal{A}}(x_t|x^{t-1})$$

で測るとする．このとき，長さ n の時系列データ $x^n = x_1, \ldots, x_n$ に対して，$\mathcal{A}$ の**累積対数損失**を

$$\sum_{t=1}^{n}(-\log p_{\mathcal{A}}(x_t|x^{t-1}))$$

として定義する．ここで，$p_{\mathcal{A}}(X|x_0)$ は初期に与えられた確率分布を表すとする．

対数損失 $-\log p_{\mathcal{A}}(x_t|x^{t-1})$ は x^{t-1} が与えられたときに x_t の語頭符号化に必要な符号長を表す．よって，累積対数損失は x^n を逐次的に符号化する際の総符号長であると解釈できる．そのような符号化のことを**逐次的符号化**あるいは**予測符号化**と呼ぶ．累積対数損失を最小化するようにアルゴリズムを設計することは，総符号長を最短に抑える逐次符号化法を設計することに等価である．

逐次的予測アルゴリズムの良さを測るのに，用いたモデルクラスと真の分布に依存する尺度を用いることがしばしばある．それは**冗長度**と呼ばれる．真の分布を p^* とし，k 次元パラメトリックな確率分布のクラス $\mathcal{P}_k = \{p(X;\theta); \theta \in \Theta\}$ が与えられたとして，$\mathcal{A}$ の $\mathcal{P}_k, p^*$ に対する冗長度を以下のように定義する．

$$\begin{aligned} &R(\mathcal{A}, \mathcal{P}_k, p^*) \\ &\stackrel{\text{def}}{=} E_{p^*}^{n}\left[\sum_{t=1}^{n}(-\log p_{\mathcal{A}}(X_t|X^{t-1}))\right] - \min_{\theta\in\Theta} E_{p^*}^{n}\left[\sum_{t=1}^{n}(-\log p(X_t|X^{t-1};\theta))\right]. \end{aligned}$$

ただし，$E_{p^*}^{n}$ は $p^*(X^n)$ に関する平均を表し，$p(X_t|X^{t-1};\theta) = p(X^t;\theta)/p(X^{t-1};\theta)$ とする．

以下，逐次的確率予測アルゴリズムの代表例を三つ取り上げ，それらの性能を理論的に評価する．それらは最尤予測アルゴリズム，Bayes 予測アルゴリズム，逐次的正規化最尤予測アルゴリズムである．

2.5.2 最尤予測アルゴリズム

一つ目の**最尤予測アルゴリズム**は，各時刻 t において，x^{t-1} からの θ の最尤推定量を $\hat{\theta}(x^{t-1})$ として，予測分布を

$$p_{\mathrm{ML}}(X|x^{t-1}) = p(X;\hat{\theta}(x^{t-1}))$$

と計算して出力するアルゴリズムである．これを $\mathcal{A}_{\mathrm{ML}}$ と記す．これは過去のデータからの θ の最尤推定値をそのまま代入して予測分布をつくっていることに相当する．

最尤予測アルゴリズムの累積予測損失:

$$\sum_{t=1}^{n}(-\log p(x_t;\hat{\theta}(x^{t-1})))$$

は特に**予測的確率的コンプレキシティ**と呼ばれる．これは，先に登場した確率的コンプレキシティとある条件のもとでは平均の意味で近似的に等しい量となっている．

最尤予測アルゴリズムの冗長度について以下の定理が成立する．

定理 2.12 (最尤予測アルゴリズムの冗長度)[33] x_t が独立に $p^* = p(X;\theta)$ に従って生起しているとし，$\hat{\theta}(x^t)$ に関して中心極限定理が成り立つとするとき，ある正則条件下で最尤予測アルゴリズムの冗長度は以下で与えられる．

$$R_n(\mathcal{A}_{\mathrm{ML}}, \mathcal{P}_k, p^*) = \frac{k}{2}\log n + o(\log n).$$

ここに，k は θ の次元である．

(証明) E^t を $p(X^t;\theta)$ に関する期待値操作を表すとし，$\hat{\theta}(x^{t-1})$ を $\hat{\theta}_{t-1}$ と記す．まず，次式が成立することに注意する．

$$E^n\left[\sum_{t=1}^{n}(-\log p(x_t;\hat{\theta}_{t-1}))\right] = \sum_{t=1}^{n} E^t[-\log p(x_t;\hat{\theta}_{t-1})]. \tag{2.85}$$

ここで，$-\log p(x_t;\hat{\theta}_{t-1})$ の θ のまわりでの 2 次の項までの Taylor 展開を行うと，t が十分大のときには，

$$
\begin{aligned}
-\log p(x_t;\hat{\theta}_{t-1}) = -\log p(x_t;\theta) - \left.\frac{\partial \log p(x_t;\theta)}{\partial\theta}\right|_{\theta}(\hat{\theta}_{t-1}-\theta) \\
-\frac{1}{2}(\hat{\theta}_{t-1}-\theta)^T \left.\frac{\partial^2 \log p(x_t;\theta)}{\partial\theta\partial\theta^T}\right|_{\theta}(\hat{\theta}_{t-1}-\theta) + O(||\hat{\theta}_{t-1}-\theta||^3).
\end{aligned}
$$

$I(\theta) \stackrel{\text{def}}{=} E[-\partial^2 \log p(X;\theta)/\partial\theta\partial\theta^{\mathrm{T}}]$ とおき，上式の両辺を $p(X^t;\theta)$ で期待値をとると，

$$
\begin{aligned}
& E^t\left[-\log p(x_t;\hat{\theta}_{t-1})\right] \\
&= E\left[-\log p(x_t;\theta)\right] - E\left[\left.\frac{\partial \log p(x_t;\theta)}{\partial\theta}\right|_{\theta}\right] E^{t-1}\left[(\hat{\theta}_{t-1}-\theta)\right] \\
&\quad + E^{t-1}\left[\frac{\sqrt{t-1}(\hat{\theta}_{t-1}-\theta)^T I(\theta)\sqrt{t-1}(\hat{\theta}_{t-1}-\theta)}{2(t-1)}\right] + o(1/t)
\end{aligned}
$$

を得る．第二項については，

$$
E\left[\left.\frac{\partial \log p(x_t;\theta)}{\partial\theta}\right|_{\theta}\right] = \sum_{x_t} p(x_t;\theta)\frac{1}{p(x_t;\theta)}\frac{\partial p(x_t;\theta)}{\partial\theta} = \frac{\partial}{\partial\theta}\sum_{x_t} p(x_t;\theta) = 0.
$$

中心極限定理の仮定から，$\sqrt{t-1}(\hat{\theta}_{t-1}-\theta)$ は t を十分大きくすると，平均 0，分散共分散行列が $I^{-1}(\theta)$ の正規分布に従うことから，$\sqrt{t-1}(\hat{\theta}_{t-1}-\theta)^{\mathrm{T}}I(\theta)\sqrt{t-1}(\hat{\theta}_{t-1}-\theta)$ は漸近的に自由度 k の χ 二乗分布に近づく．よって，上式の右辺の第三項は $k/2(t-1)$ になることから，t が十分大のとき，

$$
E^t\left[-\log p(x_t;\hat{\theta}_{t-1})\right] = E\left[-\log p(x_t;\theta)\right] + \frac{k}{2(t-1)} + o(1/t). \tag{2.86}
$$

式 (2.86) を式 (2.85) に代入することにより，以下を得る．

$$
\begin{aligned}
E^n\left[\sum_{t=1}^{n}(-\log p(x_t;\hat{\theta}_{t-1}))\right] &= \sum_{t=1}^{n} E[-\log p(x_t;\theta)] + \sum_{t=o(\log n)}^{n}\frac{k}{2(t-1)} + o(\log n) \\
&= E^n\left[-\log p(x^n;\theta)\right] + \frac{k}{2}\log n + o(\log n).
\end{aligned}
$$

ここで，$\min_{\theta\in\Theta} E^n\left[\sum_{t=1}^{n}(-\log p(x_t|x^{t-1};\theta))\right] = E^n\left[-\log p(x^n;\theta)\right]$ であるから，定理は示された．　■

2.5.3 Bayes 予測アルゴリズム

次に登場するのが，**Bayes 予測アルゴリズム**である．これは，各時刻 t において，x^{t-1} からの θ の事後確率密度関数を $p(\theta|x^{t-1})$ として，予測分布を

$$p_{\mathrm{Bayes}}(X|x^{t-1}) = \int p(X;\theta)p(\theta|x^{t-1})d\theta$$

と計算して出力するアルゴリズムである．これを $\mathcal{A}_{\mathrm{Bayes}}$ と記す．ここで，θ については事前分布 $\pi(\theta)$ が与えられているとする．

一般に，Bayes 予測アルゴリズムの累積予測損失について以下が成立する．

定理 2.13 (Bayes 予測アルゴリズムの累積予測損失)

$$\sum_{t=1}^{n}(-\log p_{\mathrm{Bayes}}(x_t|x^{t-1})) = -\log\int \pi(\theta)p(x^n;\theta)d\theta. \tag{2.87}$$

(証明) Bayes 予測アルゴリズムの定義から，その累積予測損失は以下のように計算できる．

$$\begin{aligned}\sum_{t=1}^{n}(-\log p_{\mathrm{Bayes}}(x_t|x^{t-1})) &= \sum_{t=1}^{n} -\log\int p(\theta|x^{t-1})p(x_t;\theta)d\theta \\ &= \sum_{t=1}^{n} -\log\frac{\int \pi(\theta)p(x^t;\theta)d\theta}{\int \pi(\theta')p(x^{t-1};\theta')d\theta'}.\end{aligned}$$

ここで，$W_t = \int \pi(\theta)p(x^t;\theta)d\theta$ とし，$W_0 = 1$ とすると，

$$\begin{aligned}\sum_{t=1}^{n}(-\log p_{\mathrm{Bayes}}(x_t|x^{t-1})) &= \sum_{t=1}^{n} -\log\frac{W_t}{W_{t-1}} \\ &= -\log W_n + \log W_0 \\ &= -\log\int \pi(\theta)p(x^n;\theta)d\theta.\end{aligned}$$

■

式 (2.87) の右辺の量を**混合型確率的コンプレキシティ**と呼ぶ．

さらに，Bayes 予測アルゴリズムの冗長度について以下が成り立つ．

定理 2.14 (Bayes アルゴリズムの冗長度)[5] x_t が独立に $p^* = p(X;\theta)$ に従って生起しているとし，$\hat{\theta}(x^t)$ に関して中心極限定理が成り立つとするとき，ある正則条件のもとで，Bayes 予測アルゴリズムの冗長度は次式のように与えられる．

$$R_n(\mathcal{A}_{\mathrm{Bayes}}, \mathcal{P}_k, p^*) = \frac{k}{2}\log\frac{n}{2\pi e} + \log\frac{\sqrt{|I(\theta)|}}{\pi(\theta)} + o(1).$$

定理 2.12 と定理 2.14 から，最尤予測アルゴリズムも Bayes 予測アルゴリズムも $o(\log n)$ 以内の誤差で冗長度が一致している．これはまた，予測型確率的コンプレキシティも混合型確率的コンプレキシティも，期待値をとると，式 (2.38) の確率的コンプレキシティと $o(\log n)$ 以内の誤差で一致することを意味している．つまり，一括型学習においても逐次型確率予測においても，確率的コンプレキシティがそれぞれ，モデル選択，予測損失において最小化すべき量になっている．この意味で，確率的コンプレキシティは学習アルゴリズムの設計の鍵を握る本質的に重要な量であることがわかる．

2.5.4　逐次的正規化最尤予測アルゴリズム

最後に登場するのは，**逐次的正規化最尤予測アルゴリズム** (sequentially normalized maximum likelihood prediction algorithm) である．以下，SNML アルゴリズムと略す．これは各時刻 t において，以下で定義される**逐次的正規化最尤分布** (SNML 分布) を出力する．

$$p_{\mathrm{SNML}}(X|x^{t-1}) \stackrel{\mathrm{def}}{=} \frac{p(X|x^{t-1};\hat{\theta}(X\cdot x^{t-1}))}{K_t(x^{t-1})},$$

$$K_t(x^{t-1}) \stackrel{\mathrm{def}}{=} \int p(X|x^{t-1};\hat{\theta}(X\cdot x^{t-1}))dX.$$

NML 分布がミニマックスリグレットを達成したように，SNML 分布は下記のように定義する条件付きミニマックスリグレットを達成する．

定理 2.15 (SNML 分布の条件付きミニマックス最適性) k 次元パラメトリックな確率分布のクラス $\mathcal{P}_k = \{p(X^t;\theta) : \theta \in \Theta_k\}$ $(t = 1, 2, \ldots)$ から構成される $p(X|X^{t-1};\theta)$ に対し，各 t に対して，$p_{\mathrm{SNML}}(X|x^{t-1})$ は，任意の x^{t-1} に対して，

$$\min_{q(X|x^{t-1})}\max_{X}\left\{-\log q(X|x^{t-1}) - \min_{\theta\in\Theta}(-\log p(X|x^{t-1};\hat{\theta}(X\cdot x^{t-1})))\right\}$$

の最小を達成する．ここで，$\min_{q(X|x^{t-1})}$ はすべての条件付き確率分布上でとられるとする．上記を**条件付きミニマックスリグレット**と呼ぶ．

この定理の証明は定理 2.6 の証明と同様にして行える．

例 2.12 (自己回帰モデルに対する SNML 符号長) 時系列モデルとして，最もポピュラーな自己回帰モデルを取り上げる．次数 k の**自己回帰モデル**とは，

$$p(x_t|x_{t-k}^{t-1};\theta) = \frac{1}{\sqrt{2\pi\sigma^2}} \exp\left\{-\frac{1}{2\sigma^2}\left(x_t - \sum_{i=1}^{k} a^{(i)} x_{t-i}\right)^2\right\}$$

で与えられる確率密度関数により指定されるモデルである．$\bar{x}_t = (x_{t-1}, \ldots, x_{t-k})^{\mathrm{T}}$ とし，$\theta^{\mathrm{T}} = (a^{\mathrm{T}}, \sigma^2) = (a^{(1)}, \ldots, a^{(k)}, \sigma^2)$ とする．θ の成分のうち a の x^{t-1} からの推定値 $\hat{a}_t$ は以下のように求められる．

$$\begin{aligned} \hat{a}_t &= \arg\min_{a \in \boldsymbol{R}^k} \sum_{j=1}^{t} \left(x_j - a^{\mathrm{T}} \bar{x}_j\right)^2 \qquad (2.88) \\ &= V_t \sum_{j=1}^{t} \bar{x}_j x_j \\ &= \hat{a}_{t-1} + \frac{V_{t-1}\bar{x}_t(x_t - \hat{a}_{t-1}^{\mathrm{T}}\bar{x}_t)}{1 + c_t}. \end{aligned}$$

ここに，

$$\begin{aligned} V_t &\stackrel{\mathrm{def}}{=} \left(\sum_{j=1}^{t} \bar{x}_j \bar{x}_j^{\mathrm{T}}\right)^{-1} \\ &= V_{t-1} - \frac{V_{t-1}\bar{x}_t\bar{x}_t^{\mathrm{T}} V_{t-1}}{1 + c_t}, \\ c_t &\stackrel{\mathrm{def}}{=} \bar{x}_t^{\mathrm{T}} V_{t-1} \bar{x}_t. \end{aligned}$$

以下，分散 σ^2 は既知で固定しているとする．このときの時刻 t における SNML 分布は

$$\hat{x}_t = \hat{a}_t^{\mathrm{T}} \bar{x}_t$$

として，

$$p_{\mathrm{SNML}}(x_t|x^{t-1}) = \frac{p(x_t|x^{t-1}; \hat{a}_t)}{K(x^{t-1})} \qquad (2.89)$$

と与えられる．ここに，

$$p(x_t|x^{t-1};\hat{a}_t) = \frac{1}{\sqrt{2\pi\sigma^2}}\exp\left(-\frac{(x_t-\hat{x}_t)^2}{2\sigma^2}\right),$$
$$K(x^{t-1}) = \frac{1}{\sqrt{2\pi\sigma^2}}\int_{-\infty}^{\infty}\exp\left(-\frac{(x_t-\hat{x}_t)^2}{2\sigma^2}\right)dx_t.$$

そこで，

$$\hat{x}_t = \bar{x}_t^{\mathrm{T}}\left(\frac{V_{t-1}\bar{x}_t(x_t-\hat{a}_{t-1}^{\mathrm{T}}\bar{x}_t)}{1+c_t}+\hat{a}_{t-1}\right),$$
$$x_t-\hat{x}_t = \frac{x_t-\hat{a}_{t-1}^{\mathrm{T}}\bar{x}_t}{1+c_t}$$

であることを用いると，

$$\begin{aligned}K(x^{t-1}) &= \frac{1}{\sqrt{2\pi\sigma^2}}\int_{-\infty}^{\infty}\exp\left(-\frac{(x_t-\hat{a}_{t-1}^{\mathrm{T}}\bar{x}_t)^2}{2((1+c_t)\sigma)^2}\right)dx_t\\ &= 1+c_t\end{aligned}$$

であるから，結局，式 (2.89) は以下のように計算できる．

$$p_{\mathrm{SNML}}(x_t|x^{t-1}) = \frac{1}{\sqrt{2\pi(1+c_t)^2\sigma^2}}\exp\left(-\frac{(x_t-\hat{a}_{t-1}^{\mathrm{T}}\bar{x}_t)^2}{2(1+c_t)^2\sigma^2}\right).$$

また，分散が未知の場合にこれを推定する場合の SNML 分布については，$s_t \stackrel{\mathrm{def}}{=} \sum_{j=1}^{t}(x_j-\hat{a}_{j-1}^T\bar{x}_j)^2$ とすると，SNML 分布は以下のように計算できる．

$$p_{\mathrm{SNML}}(x_t|x^{t-1}) = \frac{1}{K_t(x^{t-1})}\frac{s_t^{-t/2}}{s_{t-1}^{-(t-1)/2}}.$$

ただし，$K_t(x^{t-1})$ は以下のように計算される．

$$K_t(x^{t-1}) = \frac{\sqrt{\pi}}{1-d_t}\frac{\Gamma((t-1)/2)}{\Gamma(t/2)}.$$

ただし，$d_t = c_t/(1+c_t)$ とした．詳しい計算は文献[19](pp.127–133) を参照されたい． ◁

自己回帰モデルに対する期待累積対数損失については以下が成立する．

定理 2.16 (自己回帰モデルの期待累積対数損失)[19] $\{x_t : t = 1, 2, \ldots\}$ に関して $(1/n)\sum_{t=1}^{n} x_t x_t^{\mathrm{T}}$ が $n \to \infty$ につれ，行列 Σ に収束して，これが正則であるとせよ．このとき，真の分布 p^* に関するパラメータ θ のほとんどに対して次式が成立する．

$$E_{p^*}^{n}\left[\sum_{t=1}^{n}(-\log p_{\mathrm{SNML}}(X_t|X^{t-1}))\right] = \frac{n}{2}\log(2\pi e\sigma^2) + \frac{k+1}{2}\log n + o(\log n). \tag{2.90}$$

定理 2.16 の式 (2.90) は期待符号長の下限を誤差 $o(\log n)$ 以内の範囲で達成することが知られている．これは SNML 予測アルゴリズムが期待累積対数損失最小の意味で最適であることを示している．

2.6 外れ値検知

異常検知技術とは，データ群からの異常値や異変を検知するための技術である[34]．データマイニングや知識発見の分野において，異常検知技術は極めて重要な位置を占めている．なぜなら，異常は価値ある情報であるからである．

たとえば，アクセスログの異常はハッカーの攻撃や犯罪の兆候を示す．機械系のシステムログの異常は故障の予兆の可能性がある．消費行動データにおける異常は新たな消費動向の発現を示唆する．

本書では，異常検知を大きく，外れ値検知と変化検知に分けて紹介する．**外れ値検知**とはデータ群の中に他から外れた値をとるデータが存在するときに，これを検知することである[2,34]．一方，**変化検知**とは時系列データが新しい節目を境に性質が変化する場合に，これを検知することである[34]．

外れ値検知や変化検知の技術は，いまやセキュリティ，ディペンダブルコンピューティング，詐欺・犯罪検知，交通リスクマイニングといったリスク管理分野のみならず，生命科学，教育，マーケティング，広告効果測定といった分野でも積極的に活用され始めている．まず，本節では外れ値検知手法について，次節以降では変化検知手法について基本的な技術を紹介する．本技術を詳しく知りたい読者は文献[34,35]を参照されたい．

2.6.1 距離に基づく外れ値検知

外れ値とは，データ群の中から孤立した異常のことである[2]．データが他とどれくらい外れているかを定量化するためには，距離の概念を導入することが自然である．中でも最も利用されている距離として **Mahalanobis** (**マハラノビス**) **距離**があげられる．これはデータ群の平均値を中心として，それからどれくらい離れているかを，分散共分散行列の逆行列を計量として測るものである (図 2.11)．つまり，$x = (x_1, \ldots, x_d)^{\mathrm{T}} \in \boldsymbol{R}^d$ を d 次元データ，$\mu = (\mu_1, \ldots, \mu_d)^{\mathrm{T}} \in \boldsymbol{R}^d$ を平均値ベクトル，$\Sigma \in \boldsymbol{R}^{d \times d}$ を分散共分散行列として，x の μ からの Mahalanobis 距離 $D(x)$ を以下で定義する．

$$D(x) = \left\{(x - \mu)^{\mathrm{T}} \Sigma^{-1} (x - \mu)\right\}^{\frac{1}{2}}.$$

ここで，μ や Σ は一般には未知であるから，通常，データから推定した以下の量で置き換える．

$$\hat{\mu} = \frac{1}{n} \sum_{t=1}^{n} x_t, \quad \hat{\Sigma} = \frac{1}{n} \sum_{t=1}^{n} (x_t - \hat{\mu})(x_t - \hat{\mu})^{\mathrm{T}}.$$

この Mahalanobis 距離が大きいほど，外れ値度合いが高いと判断する．なお，平均値 $\hat{\mu}$ の代わりに中央値が用いられることもある．この方法では，単峰の分布以外の複雑なパターンには対応できない，平均自体が外れ値の影響を受けている，といった問題がある．

一方で，自分から離れているデータが大勢であれば，自分自身を外れ値とみなすという見方も存在する．これは DB(f, D) **外れ値**[9]と呼ばれている (図 2.12)．全

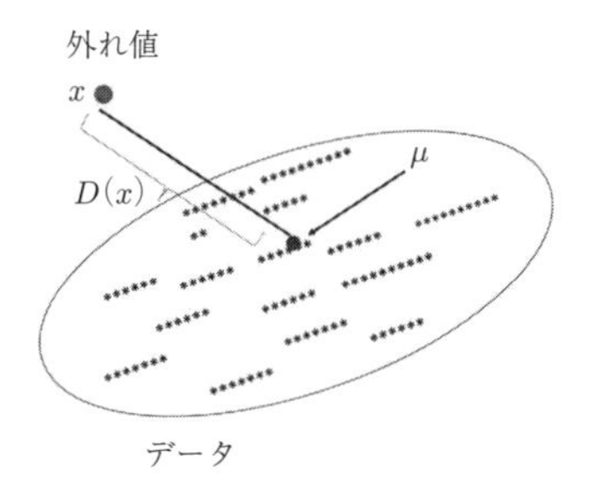

図 **2.11**　Mahalanobis 距離に基づく外れ値検知

データ集合を S とし，$0 < f < 1$ とし，$d(\cdot,\cdot)$ を S 上の距離関数とするとき，$P \in S$ が $\mathrm{DB}(f,S)$ 外れ値であるとは

$$|\{P' \in S:\ d(P',P) > D\}| > f \times |S|$$

であることと定義する．つまり，自身と D よりも大きく離れている点集合が全体の f 以上の割合を占めることを意味する．

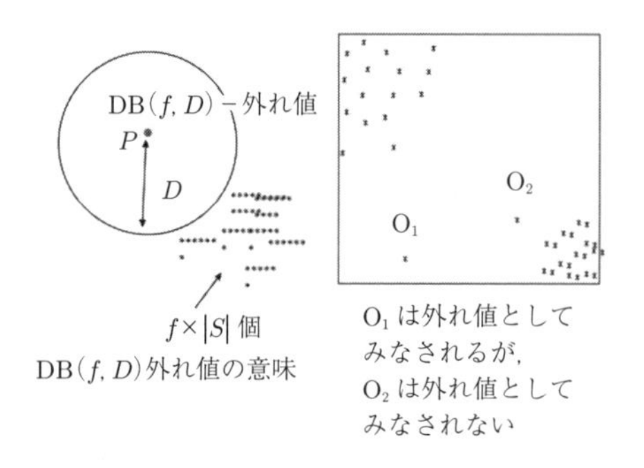

図 **2.12**　$\mathrm{DB}(f,D)$ 外れ値

しかしながら，このような定義では，全体のデータから相対的に離れていなくても，ローカルな島から離れているような局所的な外れ値は検知できないといった問題がある．これを克服するために局所的な外れ値を定義する試みも存在する．

2.6.2 Gauss 混合分布に基づく外れ値検知

Mahalanobis 距離を用いた際には，暗黙にデータの分布が単峰であることを仮定していた．しかしながら，実際のデータの分布はもっと複雑であり，その複雑さに応じたモデリングが必要である．ここでは，Gauss 混合分布を用いてデータの生成分布をモデル化し，この分布に対して外れ値スコアを計算する手法を示す (図 2.13)．この手法は **SmartSifter**[34] と呼ばれている．

Gauss 混合分布は，すでに例 2.10 で扱ったように，複数の Gauss 分布の線形結合で表される分布である．再び取り上げると，X を d 次元の確率変数として，

$$p(X;\theta) = \sum_{i=1}^{k} \pi_i p(X;\mu_i,\Sigma_i). \tag{2.91}$$

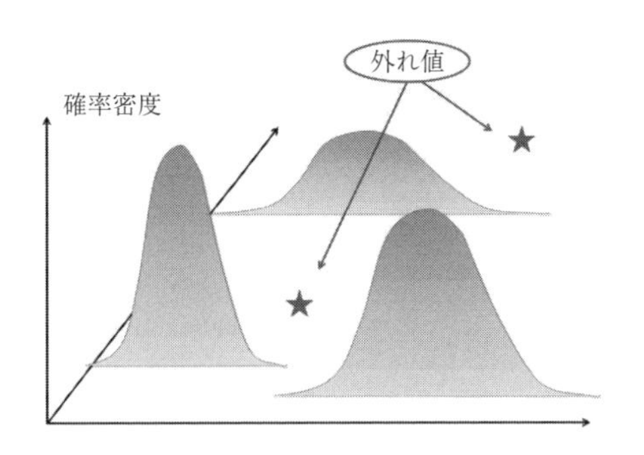

図 **2.13** Gauss 混合モデルを用いた外れ値検知

ここに，$p(X;\mu_i,\Sigma_i)$ は平均が μ_i，分散共分散行列が Σ_i で与えられる Gauss 分布である．$\theta=(\pi_i,\mu_i,\Sigma_i)_{i=1,\ldots,k}$ はパラメータであり，$\sum_{i=1}^{k}\pi_i=1, \pi_i>0\ (i=1,\ldots,k)$ である．Gauss 混合分布はデータの分布が単峰性でない場合も扱うことができる．実際，混合数を大きくしていくと任意の確率分布を表現できるようになる．

そこで，以下，Gauss 混合モデルをデータが与えられるごとに学習し，新しく入力されたデータの外れ値スコアを計算するプロセスを与えよう．

まず，外れ値スコアの計算を示す．$\hat{\theta}_{t-1}$ を $x^{t-1}=x_1,\ldots,x_{t-1}$ からの θ の推定値とするとき，時刻 t におけるデータ x_t に対する対数損失を次式で計算する．

$$\mathrm{score}(t)=-\log p(x_t;\hat{\theta}_{t-1})$$

これを x_t の外れ値スコアとみなし，この値が大きいほど x_t の外れ値度合いは高いとみなす．この量はデータ x_t の $p(X;\hat{\theta}_{t-1})$ に対する記述長としての意味をもつ．対数損失は，混合モデルの成分が一つしかない場合には，平均値からの Mahalanobis 距離を考えることと等価である．

次に，$\hat{\theta}_t$ の計算法を示す．これは**オンライン忘却型 EM アルゴリズム**[29, 34]を用いて逐次的に計算する．これは，例 2.10 に示した EM アルゴリズムにおいて，パラメータを推定する際にインクリメンタルに実行するとともに，過去のデータの効果を徐々に減衰させていく忘却機能を取り入れたアルゴリズムである．具体的には，$0<r<1$ を**忘却パラメータ**として，r が 1 に近いほど，過去のデータの影響を忘却する効果が強くなるようにしながら，下記のようにパラメータを更新する．

$$
\begin{aligned}
\gamma_t &= (1-\alpha r)\frac{\pi_i^{(t-1)} p(x_t;\mu_i^{(t-1)},\Sigma_i^{(t-1)})}{\sum_{i=1}^{k}\pi_i^{(t-1)} p(x_t;\mu_i^{(t-1)},\Sigma_i^{(t-1)})} + \frac{\alpha r}{k},\\
\pi_i^{(t)} &= (1-r)\pi_i^{(t-1)} + r\gamma_i^{(t)},\\
\bar{\mu}_i^{(t)} &= (1-r)\bar{\mu}_i^{(t-1)} + r\gamma_i^{(t)} x_t,\\
\mu_i^{(t)} &:= \bar{\mu}_i^{(t)}/\pi_i^{(t)},\\
\bar{\Sigma}_i^{(t)} &= (1-r)\bar{\Sigma}_i^{(t-1)} + r\gamma_i^{(t)} x_t x_t^{\mathrm{T}},\\
\Sigma_i^{(t)} &= \bar{\Sigma}_i^{(t)}/\pi_i^{(t)} - \mu_i^{(t)}(\mu_i^{(t)})^{\mathrm{T}},\\
&\quad (i=1,\ldots,k)\\
t &\leftarrow t+1.
\end{aligned}
$$

ここに，α は与えられた定数とする．

Gauss 混合分布を用いた外れ値検知はネットワーク侵入検知や不審医療行為の検知等に応用されている．応用事例に興味のある読者は文献[29, 34]を参照されたい．

2.6.3　主成分分析に基づく多次元時系列外れ値検知

多次元時系列データから外れ値を検知する問題を考える．長さ n の d 個のデータを以下のようなデータ行列で表現する．

$$
X = (x_{ij}) = \begin{pmatrix} x_1^{\mathrm{T}} \\ \cdots \\ x_n^{\mathrm{T}} \end{pmatrix} \in \boldsymbol{R}^{n\times d},\ x_j^{\mathrm{T}} \in \boldsymbol{R}^d\ (j=1,\ldots,n).
$$

これらのデータから**主成分分析**によって特徴を抽出し，これを利用して外れ値を検知する手法[10]を与えよう．つまり，データを主成分方向とそうでない方向に分解したとき，外れ値は後者に現れると考える．

まず，データ行列の第 k 主成分を

$$
v_k = \begin{cases} \displaystyle\operatorname*{argmax}_{v:||v||=1} ||Xv|| & (k=1),\\ \displaystyle\operatorname*{argmax}_{v:||v||=1} ||(X - \sum_{i=1}^{k-1} X v_i v_i^{\mathrm{T}})v|| & (k>1) \end{cases}
$$

のように定義する．r をあらかじめ設定して，r 番目までの主成分 $v_1, \ldots, v_r$ を基底とする空間を正常空間，残りの $d-r$ 個の基底のなす空間を異常空間とする．いま，与えられた長さ n のデータ x について，これを異常空間へ射影して得られたベクトルを $\tilde{x}$ とする．

$$\tilde{x} = (I - PP^{\mathrm{T}})x, \quad P = (v_1, \ldots, v_r) \in \boldsymbol{R}^{d \times r}.$$

そして，与えられた閾値 $\delta > 0$ に対して，以下の条件が満たされるとき，x に異常があったと判断する．$||\cdot||$ を自乗ノルムとして，

$$||\tilde{x}|| > \delta.$$

上記手法は現実の DDOS (distributed denial-of-service) 攻撃の検知や SNS 上の持続するトピックの検知等に応用されている[10]．

2.7 変 化 検 知

本節と次節では変化検知の方法論を示す．ここでは変化検知を大きく顕在的な変化検知と潜在的な変化検知に分けて考える．前者はデータ生成分布の変化を検知することを目的にしており，後者はデータモデルの潜在構造そのものの変化を検知することを目的にしている．本節では前者を紹介する．

2.7.1 統計的検定に基づく変化検知

変化検知とは，時系列データの性質が変化する際に，いつどのように変化するかを検知することである．変化の前後のデータの生成分布を P_1 と P_2 とするとき，ある時刻 t^* で P_1 から P_2 への変化が起こったかどうかは，基本的に以下のような**統計的検定**問題に帰着させることができる．つまり，すべてのデータに対して P_1 を当てはめた場合に比べて，t^* で P_1 から P_2 に切り替えてモデルを当てはめた場合には有意に尤度が高くなるか？といった尤度比検定の問題である．このような検定に対して，$X^n = X_1, \ldots, X_n$ とすると，

$$D(P_2||P_1) = \lim_{n\to\infty} \frac{1}{n} \sum_{X^n} P_2(X^n) \log \frac{P_2(X^n)}{P_1(X^n)}$$

を P_1 と P_2 の Kullback–Leibler のダイバージェンスとして，変化点を見逃す確率は，$\exp(-CrD(P_2||P_1))$ に比例してゼロに近づくことが知られている (r は変化点を過ぎたデータの大きさ，C は定数)．よって，$D(P_2||P_1)$ が大きければ変化は検知しやすくなる．

実際の局面では，変化点 t^* も分布 P_1, P_2 も未知である．このような状況下で，未知パラメータを含む回帰モデルを利用し，一気通貫して回帰モデルを当てはめたときの誤差と，別々に回帰モデルを当てはめたときの誤差を比較する方法が考えられる (図 2.14)．

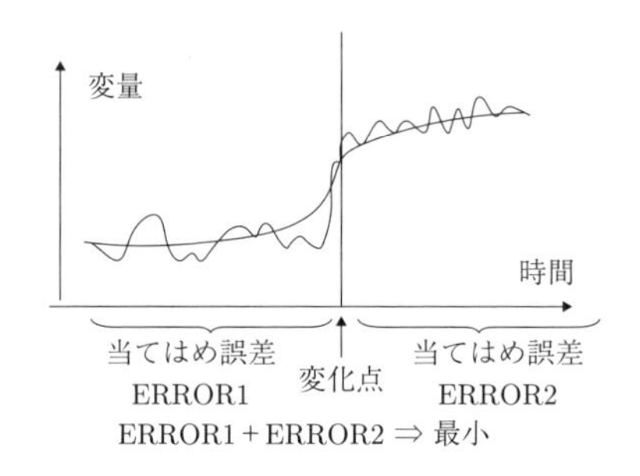

図 **2.14**　統計的検定に基づく変化検知

いま，$L(D:f)$ は関数 f の D に関する損失を表すとする．たとえば，対数損失では $L(D:f) = -\log f(D)$, 自乗損失では，$D=(x,y)$ に対して，$L(D:f) = ||y-f(x)||^2$ である．$D_a^b = D_a, \cdots, D_b$ $(a<b)$ として，$L(D_a^b : f) = \sum_{t=a}^{b} L(D_t : f)$ とする．$\mathcal{F}$ を与えられた関数のクラス，n をデータ列の長さ，t を与えられた時点として，以下の統計量を考える．

$$\Delta(t) = \frac{1}{n}\left\{\min_{f\in\mathcal{F}} L(D_1^n : f) - \left(\min_{f\in\mathcal{F}} L(D_1^t : f) + \min_{f\in\mathcal{F}} L(D_{t+1}^n : f)\right)\right\}.$$

これが与えられた $\epsilon > 0$ より大きいときに，t は変化点であると判断する．これを動的計画法を用いて繰り返し行うことで，多重変化点を検知することができる．

2.7.2　シミュレーションに基づく変化検知

変化点が生じるかどうかを確率現象と考えて，得られたデータ列からシミュレーションによって変化点位置を推定する方法[6]を示そう．いま，確率変数 C_t を時刻

t 前の直近の変化点時刻として定める．定義から，$C_t = j$ であれば，

$$C_{t+1} = \begin{cases} j & \text{if } t \text{ に変化点なし}, \\ t & \text{if } t \text{ に変化点あり} \end{cases}$$

であるが，このような C_t の発生シミュレーションを以下のように行う．

Step.1: データ列 $x_1^n = x_1, \ldots, x_n$ が与えられたとき，$P(C_n|x_1^n)$ に従って，t_1 を発生させる．$k = 1$ として，**Step.3** へ．
Step.2: $P(C_{t_k}|x_1^{t_k})P(C_{t_k+1} = t_k|C_{t_k})$ に比例する確率分布に従って t_{k+1} を発生させる．$k \leftarrow k+1$
Step.3: $t_k > 0$ ならば，**Step.2** へ．そうでなければ，$\{t_{k-1}, \ldots, t_1\}$ を変化点集合として出力する．

Step.2 では $P(C_t|x_1^t)$ と $P(C_{t+1}|C_t)$ の計算が必要となるが，$P(C_{t+1}|C_t)$ に関しては，$G(\cdot)$ を与えられた分布関数として，

$$P(C_{t+1} = j|C_t = i) = \begin{cases} \frac{1-G(t-i)}{1-G(t-i-1)} & (j = i), \\ \frac{G(t-i)-G(t-i-1)}{1-G(t-i-1)} & (j = t), \\ 0 & \text{otherwise} \end{cases}$$

と定める．ここで $G(\cdot)$ は連続する二つの変化点間の距離の分布関数として設定される．たとえば $g(i)$ を幾何分布の確率関数として，$G(l) = \sum_{i=1}^{l} g(i)$ などとおく．また，$P(C_t|x_1^t)$ は漸化式

$$P(C_{t+1} = j|x_1^t) = \sum_{i=0}^{t-1} P(C_{t+1} = j|C_t = i)P(C_t = i|x_1^t)$$

から求めていく．

このアルゴリズムは多次元時系列からのベイジアンネットワークの変化検知などに適用されている．2.7.1 項，2.7.2 項の手法はいずれも一括データを取得した上で過去を振り返って変化を検知する一括型手法である．このような検定手法は変化点前後に十分のデータを要するので，オンライン変化検知には対応できない．

2.7.3 二段階学習に基づくオンライン変化検知

変化検知を実際に適用する際には，オンライン変化検知が望まれる．ここでは，**ChangeFinder** と呼ばれるオンラインで変化スコアを与える方法[26]を示す．これは以下のステップに従い，データが与えられるごとに二段階に渡って学習を行い，最終的に変化点スコアを計算する．

Step.1: 第一段階では，オンラインで時系列を学習してスコアを計算する．そこでは，例 2.12 で扱った自己回帰モデルを用いて，そのパラメータを忘却型学習アルゴリズムで推定する．自己回帰モデルは，k は与えられた次数とし，各時刻 t のデータが x_t が過去のデータ $x_{t-k}^{t-1} = x_{t-1}, \ldots, x_{t-k}$ の回帰によって得られるモデルである:

$$p(x_t | x_{t-k}^{t-1}; \theta) = \frac{1}{\sqrt{2\pi\sigma^2}} \exp\left(-\frac{1}{2\sigma^2}\left(x_t - \sum_{i=1}^{k} a^{(i)} x_{t-i}\right)^2\right).$$

ここに，パラメータを $\theta^{\mathrm{T}} = (a^{(1)}, \ldots, a^{(k)}, \sigma^2)$ とする．$a^{\mathrm{T}} = (a^{(1)}, \ldots, a^{(k)})$ とおくと，a と σ^2 の忘却付き最尤推定量を以下のようにして求める．

$$\hat{a}_t = \underset{a}{\mathrm{argmin}} \sum_{j=1}^{t} w_{t-j} \left(x_j - \sum_{i=1}^{k} a^{(i)} x_{j-i}\right)^2,$$

$$\hat{\sigma}_t^2 = \sum_{j=1}^{t} w_{t-j} \left(x_j - \sum_{i=1}^{k} \hat{a}_t^{(i)} x_{j-i}\right)^2.$$

ここに，$w_{t-j} = r(1-r)^{t-j}$ は $0 < r < 1$ を忘却パラメータとする重みであり，t より過去に遡るほど，その影響が指数的に減少する効果を与える．このように $\hat{\theta}_t = (\hat{a}_t, \hat{\sigma}_t^2)$ が与えられたところで，**逐次的忘却型正規化最尤分布** (SDNML (sequentially discounting normalized maximum likelihood) 分布) を以下で計算する．

$$p_{\mathrm{SDNML}}(x_t | x^{t-1}) = \frac{p(x_t | x^{t-1}; \hat{\theta}_t(x_t \cdot x^{t-1}))}{\int p(x | x^{t-1}; \hat{\theta}_t(x \cdot x^{t-1})) dx}.$$

そこで，時刻 t における外れ値スコアを SDNML 分布の対数損失として以下で計算する．

$$-\log p_{\mathrm{SDNML}}(x_t | x^{t-1}).$$

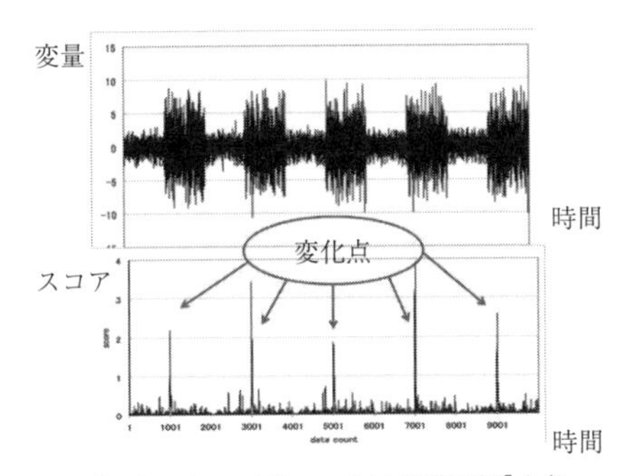

[Takeuchi and Yamanishi TKDE06] より

図 **2.15** 二段階学習にもとづく分散の変化検知

これは 2.5.4 項で与えた SNML 符号長に忘却効果を入れたものに相当する.

Step.2: 第二段階では，上記スコアをウィンドウ内で平滑化し，平滑化スコア系列を再度学習する．最終的に得られるスコアを変化点スコアとする．具体的には，W をウィンドウサイズとして，平滑スコアを

$$y_t = \frac{1}{W}\sum_{j=t-W+1}^{t}(-\log p_{\mathrm{SDNML}}(x_j|x^{j-1}))$$

とする．データ列 $\{y_t : t = 1, 2, \ldots\}$ に対し，再度自己回帰モデルで当てはめて，新たな SDNML 分布 $q_{\mathrm{SDNML}}(y_t|y^{t-1})$ を構成する．これに基づいて以下の平滑スコアを変化点スコアとして計算する．

$$\mathrm{score}(t) = \frac{1}{W}\sum_{j=t-W+1}^{t}\Big(-\log q_{\mathrm{SDNML}}(y_t|y^{t-1})\Big).$$

二段階学習のメリットは，一段階だけでは，異常スコアが外れ値スコアの意味しかもたないので，これを平滑化し，再度学習することにより，データの突発的な揺らぎによらず，異常の塊 (バースト) の出現をロバストに検知できることである．図 2.15 は，分散が変化する時系列に対して ChangeFinder が与えたスコアのグラフを表している．変化点に対応して，鋭いスコアのピークが上がっている様子がわかる．

ChangeFinder の現実問題への応用としては，アクセスログデータからのマルウェアの検知，Twitter からの話題出現検知などが報告されている．詳しくは文献 [34] (pp.54–58)，や文献 [35] (pp.117–118, 124–129) を参考にされたい．

2.8 潜在的構造変化検知

本節では，データの背後に潜在的状態や潜在的なモデル構造を仮定し，これが時間的に変化する場合の変化検知を考える．これを**潜在的構造変化検知**と呼ぶ．ここで，潜在構造は離散値をとるとする．潜在的構造変化検知手法の代表例として，バースト検知と動的モデル選択を紹介する．

2.8.1 バースト出現検知

ある事象の出現頻度に注目し，これが急激に多くなるような変化を検知する問題を考える．これは**バースト検知**と呼ばれる問題である．たとえば，単位時間あたりのメールの受信頻度がある時点から急に増加したとき，一つの情報の塊 (バースト) が来たとして，これを検知する問題である．以下に，Kleinberg (クラインバーグ) により提案されたバースト検知アルゴリズム[8]を示す．これは注目する事象の出現間隔に注目し，その背景に離散的な「潜在的状態」があると仮定する．そして，状態遷移を推定することによりバースト検知を実現する．

注目する事象の出現間隔 x の確率密度関数 f を指数分布で表す．

$$f(x;\theta) = \theta \exp(-\theta x).$$

ここに，$\theta > 0$ は出現間隔を特徴づけるパラメータである．これが，離散的な値しかとらないとする．つまり，i を状態のインデックス，$s(> 1)$ をハイパーパラメータとして，θ は以下で与えられるとする．

$$\theta_i = \theta_0 s^i \quad (i = 0, 1, 2, \dots).$$

i が大きいほど，高い頻度で x が出現する分布を表す．そこで状態間の遷移に関するコストを以下のように定義する．つまり，t 時刻における状態を i_t と記すと，

$$\tau(i_t|i_{t-1}) = \begin{cases} (i_t - i_{t-1}) \log n & (i_t > i_{t-1}), \\ 0 & \text{otherwise.} \end{cases}$$

そこで，データ系列 $x^n = x_1, \dots, x_n$ を得たとき，以下の目的関数を最小化するような状態系列を求める．

$$\sum_{t=1}^{n} (-\log f(x_t; \theta_{i_t})) + \sum_{t=1}^{n} \tau(i_t|i_{t-1}).$$

第一項はデータに対するモデルの対数損失の総和，第二項は状態推移のコストの総和を表す．第一項と第二項は一般にトレードオフの関係があるので，これに基づいて最適な状態系列が求められることになる．上記を最小化する状態列 $(i_1,\ldots,i_n)$ は動的計画法で $O(n^2)$ の計算量で求めることができる．ここで，$i_t \neq i_{t-1}$ であれば，時刻 t において新たなバーストが到来したと考えることができる．

本手法は国際会議におけるキーワードのトレンド検知等に応用され，学会ごとの旬な話題とその発生時期の同定に成功したと報告されている[8]．

2.8.2　動的モデル選択

時系列データから，その背景にある確率モデルの構造の変化を検知することを考える．ここで,「構造」とは，確率モデルのパラメータの値ではなく，確率モデルのパラメータの数やグラフ分割構造などの離散モデルを意味する (図 2.16)．ここでは，モデル構造が変化する場合の最適なモデル列を推定する方法として，**動的モデル選択** (dynamic model selection：DMS)[28]を示そう．DMS を用いると，MDL 原理に基づいて，モデル列の符号長とモデル列に対するデータ列の符号長の総和を最小にするようなモデル列が選択される．以下，この基礎理論を紹介する．

いま，$\mathcal{F}=\{P(X;\theta,M):\theta\in\Theta(M),M\in\mathcal{M}\}$ を確率モデルのクラスとする．ここに，$\mathcal{M}$ はモデルの集合を表し，$\Theta(M)$ はモデル M に付随するパラメータ集合とする．$P(X;\theta,M)$ はモデル M と実パラメータ θ によって指定されている確率分布を表す．$P(X|x^{t-1};M)$ を時刻 t におけるモデル M に付随する予測分布であるとする．たとえば，2.5.2 項で扱った最尤予測分布，2.5.3 項で扱った Bayes 予測分布，2.5.4 項で扱った SNML 予測分布などを用いることができる．

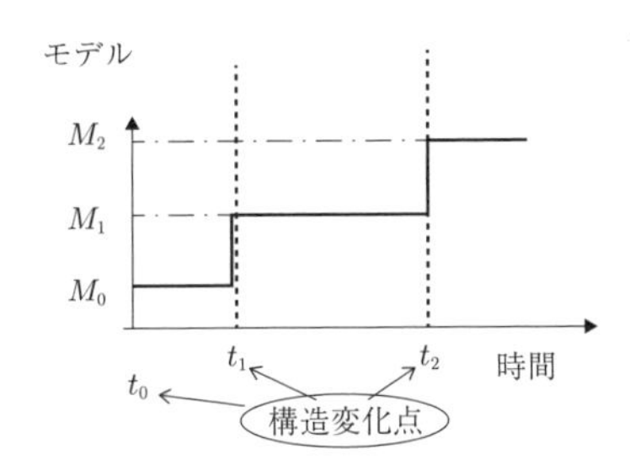

図 **2.16**　動的モデル選択

また，時刻 t におけるモデル M_t が M_{t-1} から確率的に遷移すると仮定する．そのモデル遷移確率は以下のように，パラメータ α によって指定されているとする．

$$P(M_t|M_{t-1};\alpha) = \begin{cases} 1-\alpha & M_t = M_{t-1}, \\ \frac{\alpha}{|\mathrm{nbd}(M_{t-1})|-1} & M_t \neq M_{t-1}. \end{cases} \tag{2.92}$$

$\mathrm{nbd}(M_{t-1})$ は M_{t-1} の近傍モデルの集合である．DMS は，$x^n = x_1, \ldots, x_n$ が与えられたとき，以下で定める規準を最小化するモデル系列 $M_1, \ldots, M_n$ を出力する．

$$\sum_{t=1}^{n}(-\log P(x_t|x^{t-1};M_t)) + \sum_{t=1}^{n}(-\log P(M_t|M_{t-1};\hat{\alpha}_{t-1})). \tag{2.93}$$

ここに，$\hat{\alpha}_t$ はモデル遷移を指定するパラメータ α の x^{t-1} からの推定値であり，Krichevsky と Trofimov の推定量 (例 2.3 を参照) を用いて

$$\alpha_t = \frac{n_{t-1}+1/2}{t}$$

のように計算する．n_{t-1} は時刻 $t-1$ までのモデル変化回数である．式 (2.93) を動的モデル選択規準 (DMS 規準) と呼ぶ．DMS 規準を最小化するモデル系列は動的計画法によって $O(n^2)$ の計算量で求めることができる．詳しくは文献 [33] (7 章，pp.191–209) を参照されたい．

2.8.3　クラスタリング構造変化検知

多次元時系列データからオンラインでクラスタリング構造の変化を検知する問題を考える．モデルとしては，例 2.10 で扱った Gauss 混合モデルを考える．これは観測変数 X とその対応するクラスターを示す潜在変数 Z の同時確率密度関数:

$$p(X, Z=i;\theta, K) = \pi_i p(X;\mu_i, \Sigma_i)$$

で指定される．ここに，クラスター数 K を明示した．$\pi_i = p(Z=i)$ であり，$p(X;\mu_i,\Sigma_i)$ は i 番目のクラスターに対応する，平均 μ_i，分散共分散行列 Σ_i の Gauss 分布を表す．

クラスタリング構造変化検知では，クラスター数 K の変化とデータのクラスターへの配置 Z の変化の両方を問題にする．図 2.17 はユーザ購買層のクラスターが動

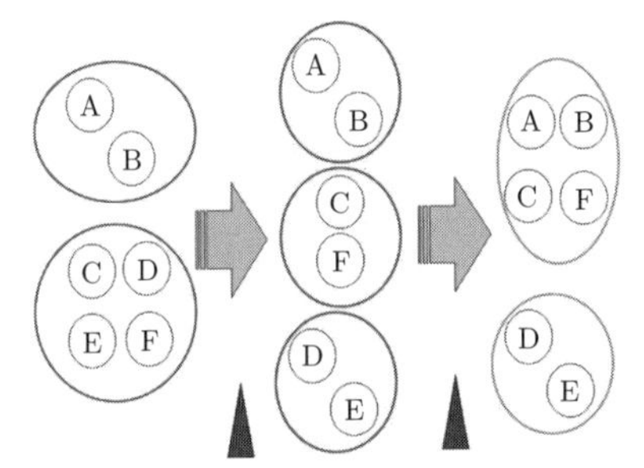

図 2.17 クラスタリング構造変化検知

的に変化する様子を示している．以下では，前項で示した動的モデル選択 (DMS) を Gauss 混合モデルに適用することによるクラスタリング構造変化検知手法を示そう．そこでは，DMS を各時刻でインクリメンタルに実行する．具体的には，各時刻 t のクラスター数を K_t として，

$$L(x_t, z_t | x^{t-1}, z^{t-1}; K_t \cdot K^{t-1}) + L(K_t | K^{t-1}; \alpha) \tag{2.94}$$

を最小にする z_t と K_t を選択する．ただし，z_t は z_{t-1} の値を初期値として EM アルゴリズムで推定された値に制約される．ここで，第一項は x^{t-1}, z^{t-1} が与えられたもとでの x_t, z_t の符号長であり，第二項は K^{t-1} が与えられたもとでの K_t の符号長である．後者は前項の遷移確率 (2.92) を用いて計算する．前者は完全変数モデルに対する正規化最尤符号長を用いる．

$$L(x_t, z_t | x^{t-1}, z^{t-1}; K_t \cdot K^{t-1}) = -\log \frac{p(x_t, z_t; \hat{\theta}(x_t, z_t))}{\int \sum_z p(x, z; \hat{\theta}(x, z)) dx}.$$

これは 2.3.3 項で示したとおりに計算すればよい．

上記手法はマーケットにおける購買層のクラスターの変化検知等に適用され，効果を生み出している．詳しくは文献 [35] (pp.129–148) を参考にされたい．なお，クラスタリング構造変化検知を含む潜在的構造変化検知の方法論は，いまや**潜在的ダイナミクス**の理論として発展している．本理論は，ネットワーク構造変化検知，グラフ分割構造変化検知，非負値行列因子分解のランク変化検知などに応用されている．

2.9 まとめ

本章では，知識の学習の基礎として機械学習とデータマイニングの理論をまとめた．知識の獲得と活用について深く学習したい読者は工学教程『機械学習』[32]と合わせて読まれることが望ましい．というのも，本章は『機械学習』とのオーバーラップをできるだけ避けるように意図的に書かれているからである．たとえば，基本的な学習評価指標は重要であり，これについては『機械学習』に丁寧に説明されている．本章の特徴は，学習アルゴリズムの設計と解析にあたり「記述長最小化」に基づく情報論的学習理論の立場を貫いている点にある．それによって，機械学習・データマイニングの学問体系ができるだけ見通しのよいものにする工夫をしたつもりである．機械学習，データマイニングの分野は発展が目覚ましく，基礎的な部分だけでも網羅することは難しい．しかし，これらをすべて浅く広く辞書的に網羅することは，これから学ぶものにとって断片的な知識が増えるばかりで得策ではない．むしろ学習の根底にある筋の通った考え方を学ぶことが重要である．さらに，この分野の研究を行おうとする者は時代を貫く自分なりの独自の視点をもつことが必要である．本章で示した情報論的学習理論とそのデータマイニング応用はそうした一つの視点である，この視点に興味をもった読者はさらに文献[33,35]やさらに発展的には文献[18,19]を読み進められたい．

参 考 文 献

[第 1 章]

[1] 小山照夫著，国立情報学研究所監修：知識モデリング (情報学シリーズ)，丸善 (2000).

[2] 西尾章治郎，上林弥彦，植村俊亮，川越恭二，大本英徹，宮崎収兄，河野浩之：データベース，オーム社 (2000).

[3] 米澤明憲，柴山悦哉：モデルと表現，岩波書店 (1992).

[4] 大須賀節男：知識情報処理，オーム社 (1986).

[5] 松本啓之亮，黄瀬浩一，森　直樹：知能システム工学入門，コロナ社 (2002).

[6] 太原育夫：人工知能の基礎知識，近代科学社 (1997).

[7] 上野晴樹，石塚　満：知識の表現と利用，オーム社 (1987).

[8] 上野晴樹，長澤　勲，小山照夫，小林重信：エキスパートシステム 知識工学講座 5，オーム社 (1988).

[9] 溝口理一郎：オントロジー工学，オーム社 (2005).

[10] 溝口理一郎：オントロジー工学の理論と実践，オーム社 (2012).

[11] 武田英明：上位オントロジー，人工知能学会誌，Vol.19, No.2, pp.172–186 (2004).

[12] 溝口理一郎，古崎晃司，來村徳信，笹島宗彦：オントロジー構築入門，オーム社 (2006).

[13] 西田豊明，冨山哲男，桐山孝司，武田英明：工学知識のマネージメント，朝倉書店 (1998).

[14] 來村徳信，溝口理一郎：故障オントロジー (概念抽出とその組織化)，人工知能学会誌，Vol.14, No.5, pp.828–837 (1999).

[15] 來村徳信，西原稔人，植田正彦，池田　満，小堀　聡，角　所収，溝口理一郎：故障オントロジーの考察に基づく故障診断方式 (網羅的故障仮説生成)，人工知能学会誌，Vol.14, No.5, pp.78–87 (1999).

[16] 田村泰彦：トラブル未然防止のための知識の構造化—SSM による設計・計画の質を高める知識マネジメント (JSQC 選書)，日本品質管理学会 (2008).

[17] 畑村洋太郎，中尾政之，飯野謙次：失敗知識データベース構築の試み，情報処理，Vol.44, No.7, pp.733–739 (2003).

[18] 西田豊明：定性推論の諸相，朝倉書店 (1993).

[19] 青山幹雄，内平直志，平石邦彦：ペトリネットの理論と実践，システム制御情報ライブラリー 13，朝倉書店 (1995).

[20] 青山和浩，石川朝彦，古賀　毅，屋地靖人，伊藤邦春，森　純一：操業知識管理のための鋼の連続鋳造プロセスのモデリング，日本機械学会論文集 (C 編)，No.2012-JCR-0220 (2012).

[第 2 章]

[1] Akaike, H.: A new look at the statistical model identification, *IEEE Transactions on Automatic Control*, AC-19, pp.716–723 (1974).

[2] Barnett, V. and Lewis, T.: Outliers in Statistical Data, John Wiley (1994).

[3] Blei, D., Ng, A., Jordan, M. and Lafferty, J.: Latent dirichlet allocation, *Journal of Machine Learning Research*, Vol.3, pp.993–1022 (2003).

[4] Cover, T.M. and Thomas, J.A.: Elements of Information Theory, Wiley-Interscience (1991).

[5] Clarke, B.S. and Barron, A.R.: Information-theoretic asymptotics and Bayesian methods, *IEEE Transactions on Information Theory*, Vol.IT-36, pp.453–471 (1991).

[6] Fearnhead, P. and Liu, Z.: Online inference for multiple changepoint problem, *Journal of Royal Statistics, Soc. B*, Vol.69, Part4, pp. 589–605 (2007).

[7] Hinton, G.E.: Training products of experts by minimizing contrastive divergence, *Neural Computation*, Vol.14, pp.1771–1800 (2002).

[8] Kleinberg, J.: Bursty and hierarchical structure in streams, *Data Mining and Knowledge Discovery*, Vol.7, No.4, pp.373–397 (2003).

[9] Knorr, E.M. and Ng, R.T.: Algorithms for mining distance-based outliers, *Proceedings of 1998 Conference on Very Large Data Bases*, pp.392–403 (1998).

[10] Lakhina, A., Crovella, M. and Diot, C.: Diagnosing network-wide traffic anomalies, *ACM SIGCOMM Computer Communication Review*, Vol.34-4, pp.219–230 (2004).

[11] Lee, D.D. and Seung, H.S.: Algorithms for non-negative matrix factorization, *Advances in Neural Information Processing Systems 13*, MIT Press, pp.556–562 (2001).

[12] Kontkanen, P., Myllymäki, P., Buntine, W., Rissanen, J. and Tirri, H.: An MDL framework for data clustering, *P. Grünwald, I. Myung, and M. Pitt editors, Advances in Minimum Description Length: Theory and Applications*, The MIT Press, pp.323–354 (2005).

[13] LeCun, Y., Bengio, Y. and Hinton, G.: Deep learning, *Nature*, Vol.521, pp.436–444 (2015).

[14] Neal, R. and Hinton, G.: A view of the EM algorithm that justi es incremental, sparse, and other variants, *M. Jordan editor, Learning in Graphical Models*, pp.355–368, Kluwer Academic Publishers (1998).

[15] Quinlan, J.R.: C4.5: programs for machine learning, Morgan Kaufmann (1993).

[16] Rissanen, J.: Modeling by shortest data description, *Automatica*, Vol.14, pp.465–471 (1978).

[17] Rissanen, J.: Stochastic Complexity in Statistical Inquiry, World Scientific (1989).

[18] Rissanen, J.: Information and Complexity in Statistical Modeling, Springer (2007).

[19] Rissanen, J.: Optimal Parameter Estimation, Springer Verlag (2012).

[20] Rosenblatt, F.: The perception: A probabilistic model for information storage and organization in the brain, *Psychological Review*, Vol.65, No.6, pp.386–408 (1958).

[21] Rumelhart, D.E., Hinton, G.E., and Williams, R.J.: Learning representations by back-propagating errors, *Nature*, Vol.323, pp.533–536 (1986).

[22] Sakai, Y. and Yamanishi, K.: An NML-based model selection criterion for general relational data modeling, *Proceedings of IEEE International Conference on Big Data*, pp.421–429 (2013).

[23] Schwarz, G.: Estimating the dimension of a model, *Annals of Statistics*, Vol.6, No.2, pp.461–464 (1978).

[24] Smolensky, P.: *Parallel Distributed Processing: Explorations in the Microstructures of Cognition*, MIT Press, Vol.1, Chapter 6 (1986).

[25] Snijders, T.A. and Nowicki, K.: Estimation and prediction for stochastic block-models fr graphs with latent block structures, *Journal of Classification*, Vol.14, pp.75–100 (1997).

[26] Takeuchi, J. and Yamanishi, K.: A unifying framework for detecting outliers and change-points from time series, *IEEE Trans. on Knowledge and Data Engineering*, Vol.18, No.4, pp.482–492 (2006).

[27] Wu, T., Sugawara, S. and Yamanishi, K.: Decomposed normalized maximum likelihood codelength criterion for selecting hierarchical latent variable models. *Proceedings of ACM International Conference on Knowledge Discovery and Data Mining* (KDD2017), pp:1165–1174, 2017.

[28] Yamanishi, K. and Maruyama, Y.: Dynamic model selection with its applications to novelty detection, *IEEE Transactions on Information Theory*, Vol.53, No.6, pp.2180–2189 (2007).

[29] Yamanishi, K., Takeuchi, J., Williams, G. and Milne, P.: On-line unsupervised outlier detection using finite mixtures with discounting learning algorithms, *Data Mining and Knowledge Discovery*, Vol.8, No.7, pp.275–300 (2004).

[30] 坂元慶行，石黒真木夫，北川源四郎：情報量統計学 (情報科学講座 A・5・4)，共立出版 (1983).

[31] 竹村彰通：現代数理統計学，創文社現代経済学選書 (1991).

[32] 中川裕志著，東京大学工学教程編纂委員会編：東京大学工学教程　機械学習，丸善出版 (2015).

[33] 山西健司：情報論的学習理論，共立出版 (2010).

[34] 山西健司：データマイニングによる異常検知，共立出版 (2009).

[35] 山西健司：情報論的学習とデータマイニング，朝倉書店 (2014).

索　　引

A　行

あ 行

か 行

さ　行

た　行

な　行

は　行

ま　行

や　行

ら　行

わ　行

東京大学工学教程

著者の現職
青山和浩（あおやま・かずひろ）
東京大学大学院工学系研究科システム創成学専攻　教授
山西健司（やまにし・けんじ）
東京大学大学院情報理工学系研究科数理情報学専攻　教授

東京大学工学教程　システム工学
知識システムＩ：知識の表現と学習

平成 30 年 4 月 30 日　発　行

編　者　東京大学工学教程編纂委員会

著　者　青　山　和　浩
　　　　山　西　健　司

発行者　池　田　和　博

発行所　**丸善出版株式会社**
〒101-0051 東京都千代田区神田神保町二丁目17番
編集：電話(03)3512-3261／FAX(03)3512-3272
営業：電話(03)3512-3256／FAX(03)3512-3270
https://www.maruzen-publishing.co.jp/

印刷・製本／三美印刷株式会社

ISBN 978-4-621-30289-7　C 3350　　Printed in Japan